# 해사채취와 해양저서환경

# 해사채취와 해양저서환경

윤양호 · 서호영 · 양한섭 · 오석진 공역

전남대학교출판부

# 역자 서문

우리나라의 남해와 서해는 리아스식 해안으로 긴 해안선을 형성하며, 폐쇄성이 강한 내만해역과 다도해를 형성하여 아름다운 풍광을 만든다. 온화한 내만해역은 예로부터 다양하면서 풍요로운 생물자원이 서식하여 수산업의 발달을 가져왔다. 다양한 해양생물의 생산은 사회적으로도 맛깔스런 음식 문화를 선사하고 있을 뿐만 아니라, 해안선을 따라 펼쳐지는 절경은 한려해상국립공원, 다도해해상국립공원 및 변산반도국립공원 등으로 지정되어, 우리에서 안식을 제공하는 훌륭한 공간으로 활용되고 있다.

이와 같은 연안/내만해역의 다양한 생물자원과 풍광은 하천을 통해 바다로 유출되는 육상기원의 토양성분에 포함된 영양염과 토사에 의해 만들어진다. 그러나 1960년대 후반부터 실시된 경제발전계획에 의한 고도 산업 성장기를 거치면서 담수유출은 하구댐이나 제방에 의해 차단되면서 육상기원의 토사 및 영양분의 바다 유출은 차단되었다. 반면, 대규모 임해공단 및 인구집중에 의해 발행하는 산업폐수와 생활하수의 바다유출과 함께, 산업건설에 필요한 모래자원의 원활한 공급을 위해 하상에 형성된 모래자원 뿐만 아니라, 연안해역의 해저환경에 오랜 기간 퇴적되어온 바다모래 자원까지 광범위하게 채취하여 사용하게 되었다. 그리

# 역자 서문

고 하구역의 광활한 삼각주 및 천해의 연안은 육상의 부족한 임해공단 부지를 조성하고, 대체 농경지를 형성한다는 미명하에 대규모의 매립 및 간척사업이 실시되었다.

이와 같은 연안개발 및 육상에서의 토사유입의 감소, 천해역의 바다모래 채취와 같은 개발 및 산업응용은 육지 환경에 인접하는 연안/내만해역의 해수흐름 및 영양염 공급을 차단하는 등의 환경변화는 물론 해양생태계를 구성하는 해양생물군집의 서식지 파괴에 의해 생물군집의 종 천이를 유발시켜 해양생태에 대해서도 많은 변화를 가져오게 되었다.

이처럼 연안개발, 바다모래 채취 등에 의한 해양환경 및 해양생태계 변화가 극심함에도 불구하고, 아직 국내에서는 이에 대해 정리된 종합적 내용의 자료는 거의 전무하다. 특히 최근에는 연안뿐만 아니라 남해 및 서해의 배타적 경제수역(EEZ)인 먼바다에서도 바다모래 채취가 이루어지고 있지만 바다채취에 관련한 해양환경의 변화 등을 정리한 국내의 자료를 찾기는 쉽지 않다.

이에 따라 바다모래의 생성요인은 우리나라 서해 및 남해와 다소 다르지만, 바다모래 및 연안개발 행위에 의해, 해양환경에서도

특히 저서환경을 중심으로 장기적인 연구결과를 정리한 외국의 자료가 있어, 유사한 국내의 사업 등에 참고가 될 것으로 판단되어 번역을 시도하였다. 원저의 제목은 『세토내해의 해저환경: 瀬戸内海の海底環境』이다.

세토내해에 대해서는 본문에 설명되고 있기에 구체적 설명은 생략하지만, 일본에서 혼슈, 큐슈, 시코쿠 등 큰 3개의 섬에 의해 형성된 일본의 내만 중 가장 대형이면서 높은 생물생산으로 연안 수산업적 측면에서는 가장 중요한 위치를 나타낸다. 세도내해 주변의 도시에는 우리나라 인구의 78%에 해당하는 약 3,500만명 이상이 생활하고 있다. 세토내해는 1960년 이후 고도 경제성장기에 배출된 다양한 오염물질에 의해 극도의 부영양화와 적조 등에 이어 바다모래 채취 등과 같은 매우 복잡한 해양환경변화로 몸살을 앓고 있다. 그러나 1970년대 중반부터 시작한 세도내해 특별조치법에 의해 육상에서 유입되는 오염물질 저감에 많은 노력을 기우린 결과 1990년 이후 해역의 적조발생건수가 감소하는 것을 시작으로, 이전의 환경이 많이 개선되고 있는 곳이기도 하다. 원서는 세도내해를 대상으로 표영환경과는 다른 특성을 보이는 해저 퇴적환경을 중심으로 세토내해의 환경변화 양상을 설명하고 있다. 특히

# 역자 서문

세토내해의 바다모래는 우리나라와는 달리 하천에 의해 육상에서 바다로 유입된 토사가 모여 형성된 것이 아니라 수천년 동안 해역의 특징으로 나타나는 협수로 등에서 빠른 조류에 의해 해저암반이 침식된 것이 모여 형성된 것으로 알려진다.

본 번역서를 번역하게 된 계기는 2007년에서 2009년까지 3개년간 국토해양부에서 실시한『남해 배타적 경제수역에서의 해사채취 친환경적 관리방안』(연구책임자 부경대 양한섭 교수)을 위한 학술연구를 수행하면서 사업에 유익한 내용을 제공해줄 다양한 국내외 자료를 탐색하는 과정에서 선택하게 되었다. 바다모래채취에 따른 국토해양부의 학술용역은 실제 2004년부터 6개년간 실시되었고, 2004년에서 2007년까지는 서해안을 대상으로 한국해양수산개발원이 주도하여 실시하였다. 후반기 남해 EEZ해역을 대상으로 한 학술연구는 부경대학교 해양과학공동연구소가 주도하어, 부경대학교(김석윤 교수), 전남대학교(윤양호 교수), 인하대학 교(홍재상 교수), 충남대학교(김기현 교수)에서 세부과제 책임을 맡고, 국립수산과학원(수산자원분야), 국립해양조사원(해수유동 및 부유사 확산 분야), 한국해양수산개발원(해사관리 정책분야)이 공동 수급기관으로 참여하여 수행되었다.

2007년에서 2009년까지 연구과업을 수행하는 동안 연구원들이 2회의 일본방문, 영국, 네덜란드 등을 방문하여 국외의 다양한 자료를 수집할 수 있는 기회를 얻었다. 특히 일본 기관을 방문하였을 때에는 본 번역서의 원서 원고를 작성했던 많은 연구자들과 바다모래 채취와 해양환경, 해양생태계, 수산자원의 변화 등에 대해 의견을 교환할 수 있는 계기가 되었다.

번역서의 출판에 많은 도움을 주신 분들에게 감사드리며, 출판의 전반에 대해 세심한 배려를 해 주신 전남대학교출판부 선생님들에게도 감사 드린다. 그리고 번역서의 도면 작성에는 전남대학교 대학원 환경해양학과의 서민호, 안영규, 김승현 군의 도움을 받았기에 고마움을 전한다.

2011년　1월

미항 여수의 양지 골에서

역자 대표　윤양호

# 목 차

*CONTENTS*

CONTENTS

제 1 장

# 책의 구성

**앞쪽사진** 세토대교(瀨戶大橋, The Great Seto Bridge): 혼슈의 오카야마(岡山)현 쿠라시키의 코지마와 시코쿠의 카가와(香川)현의 사카니데를 연결하는 길이 13.1km의 대교로 2층 구조를 하고 있다. 1층은 철도, 2층은 4차선의 자동차용 도로로 전차와 자동차가 동시에 왕래할 수 있다. 세토대교는 1978-1988년 10년의 공사기간에 의해 완성되었고, 혼슈와 시코쿠를 연결하는 3개의 대교 중에 중앙에 위치하며, 세토내해 중앙부를 횡단한다.

# 1. 책의 구성

세토내해(瀨戸內海, Seto Inland Sea/Japan Inland Sea)는 1980년대부터 고도 경제 성장기에 콘크리트용 골재, 매립, 지반개량을 위해 6억$m^3$가 넘는 바다모래(海沙, sea sand)를 채취하였고, 그에 따른 표영환경(漂泳環境, pelagic environment)[1)]과 저서환경(底棲環境, benthic environment)[2)]은 물론 해저지형에 큰 변화를 가져왔다(그림 1). 예로서 해저지형의 변화로 해수 흐름이 변화하였고, 창고기 및 까나리 등 모래톱(砂堆, sand bank)에 서식하는 해양생물의 현존량이 감소하였다. 그리고 바다모래 채취에서 발생하는 부유사로 인하여 광 투과도 감소 및 해초와 해조의 잎에 부유사의 부착으로

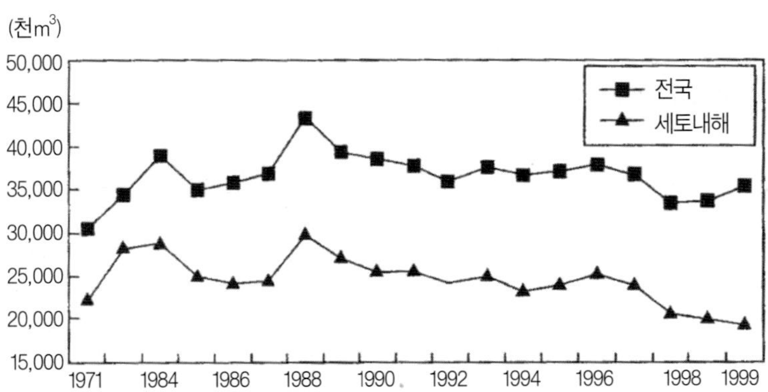


**그림 1.** 일본의 바다모래 채취량의 경년변화(세토우치 네트에서 인용).

---

1) 바다에 해수로 채워져 있는 물의 공간을 나타낸다. 바다가 거대한 용기에 물이 채워진 공간이라면 물로 채워진 부분을 나타낸다.

2) 표영환경과는 반대로 바다에서 물을 채우고 있는 바닥, 해저부분의 환경을 말한다. 위의 예에서 물의 형태를 만드는 용기부분의 환경을 말한다.

광합성이 저하되어 잘피, 모자반 등의 해조장이 감소하였다.

세도내해에서 바다모래 채취에 따른 해양환경 악화를 막기 위해 1998년 2월에 히로시마(広島)현을 시작으로 2006년 4월에 에히메(愛媛)현까지 세토내해의 전 해역에서 해사채취가 금지되었다(그림 2). 그러나 지금까지 바다모래 채취에 의해 악화된 해저지형과 표영 및 저서환경을 회복하여, 예전의 풍요로왔던 세토내해를 되찾기 위하여 어떤 한 방법이 최선인지 명확한 답이 없는 실정이

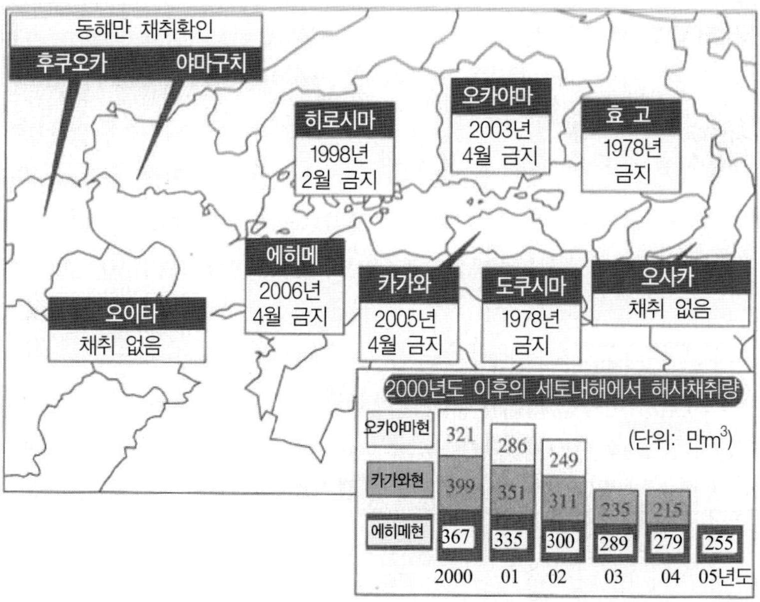


**그림 2.** 세토내해 바다모래 채취 금지의 흐름(중국신문3) 홈페이지에서).

3) 중국지방은 일본 본토의 서측인 서일본에 위치하며. 돗토리현(鳥取県), 시마네현(島根県), 오카야마현(岡山県), 히로시마현(広島県), 야마구치현(山口県) 등을 포함한다. 중국신문은 이들 지역을 대표하는 지방신문이다.

다. 이와 같은 하나의 이유로 세토내해의 저서환경을 구성하는 바다모래와 기타의 구성 물질이 어디에서 공급되어, 어떻게 이동하는지, 그리고 어떻게 변화되면서 수질이나 생물에게 어떠한 영향을 미치는 것인지에 대한 내용이 최근까지도 알려져 있지 않았다.

본서는 세토내해의 해저환경에 관한 최신의 연구 성과 및 여러 가지 견해를 종합적으로 정리하여, 앞으로 세토내해의 환경복원 대책을 제시하기 위해서 출판하였다.

본도서의 구성은 제1장 서언. 제2장에서는 현재의 세토내해가 언제 어떻게 만들어졌고, 그 결과 어떻게 해저지형이 형성되어, 현재까지 변화되었는가에 대한 내용을 설명하였다. 세토내해의 퇴적층에는 표영환경을 구성하는 해수에서 다양한 물질이 침강하여, 퇴적되면서 세토내해 특유의 저서환경과 퇴적물을 형성한다.

제3장은 세토내해 퇴적물의 퇴적속도와 퇴적물에 포함되는 중금속에 대하여 정리하여, 전체 세토내해의 퇴적물에서 중금속의 수지를 명확히 하였다. 제4장은 세토내해의 표층퇴적물이 어떻게 수송되고 있는지를 설명하였으며, 오사카만을 예로, 연안지형의 변화와 더불어 해저의 유동에 따라 퇴적물이 어떻게 수송되고, 변화하는지를 설명하였다.

제5장은 일본 환경부에서 지난 30년간 조사한 세토내해의 퇴적층과 저서생물의 조사자료의 결과를 정리하였다. 퇴적층과 저서생물의 변화 및 그에 따른 수질변화와 관계를 기술하였다. 퇴적층

은 표영환경의 영향을 받고 있지만, 반대로 표영환경에 막대한 영향을 주기도 한다.

제6장은 세토내해의 해저퇴적층에서 표영환경으로 용출하는 인과 질소의 특성을 정리하였다. 인과 질소의 용출은 해저 직상수(直上水; 퇴적물 표층위의 해수)의 용존산소와 밀접한 관련이 있다. 성층이 발달한 여름에 위로부터 산소공급 속도보다 표층퇴적물 중의 산소소비 속도가 빠르면, 저층 해수의 용존산소는 낮아져, 빈(무)산소수괴가 발생한다. 빈산소수괴는 해저부근 및 표층퇴적물에 서식하는 해양저서생물에 심각한 영향을 주는 동시에, 인과 질소의 용출량을 증가시킨다. 제7장은 빈산수수괴에 관한 세토내해의 분포 및 경년변화 특성을 정리하였다.

제8장은 바다모래 채취의 과거, 현재, 미래에 대해서 기술하였으며, 비산세토(備讃瀬戸)에서 바다모래 채취로 발생하는 부유사의 거동, 바다모래 채취에 따른 빈고나다(備後灘) 해조장의 영향에 관한 연구사례를 소개하였다. 또한 비산세토(備讃瀬戸)와 하리마나다(播磨灘)에서 바다모래와 까나리의 서식에 관련한 연구 사례도 소개하였다.

마지막으로 제9장은 제8장까지 기술한 내용을 토대로 하여 세토내해의 해저환경을 포함한, 저서환경과 표영환경의 해수질 환경복원을 어떻게 진행해야 하는가에 대한 견해를 제시하였다.

본도서는 2003년(평성 14년) 일본생명재단 조성기금(日本生命財團

助成成金)의 지원에 의해 [세토내해의 해저퇴저물 이동 시뮬레이션](연구책임자: 岡市友利 香川大学名譽教授)이라는 연구과제의 결과를 토대로 하고 있다. 그리고 2003년의 공동연구성과를 이용하여 2008년(평성 19년) 일본생명재단 환경문제 연구성과 발표조성(日本生命財團環境問題研究成果發表組成)의 [세토내해의 해저환경](대표저자; 柳哲雄)의 지원으로 출판을 하게 되었다. 관계자 모두에게 감사를 표한다.

(柳哲雄 - Yanagi Tetsuo)

제2장

# 세토내해의 형성과 해저지형

**앞쪽사진** 세토내해의 범위 : 세토내해의 범위에 대해서는 분야에 따라 다소 그 경계를 달리한다. 본서에서는 세토내해 환경보전 특별조치법에서 정하는 범위를 기준으로 구분하였고, 본문에 자주 등장하는 세토내해 주요 해역 및 지명에 대하여 한글과 한자를 병행하여 표시하였다. 본문을 읽을 경우 해역과 지역의 위치를 참고하기 바란다.

## 1. 서언

혼슈(本州, Honshu), 시코쿠(四國, Shikoku), 큐슈(九州, Kyushu)로 둘러싸여 있는 세토내해(瀨戶內海, Seto Inland Sea/Japan Inland Sea)는 동서로 약 450km, 남북으로 약 15~55km, 면적이 약 23,203 $km^2$인 폐쇄성 해역으로 약 8,815억$m^3$의 용적과 약 38.0m의 평균 수심을 나타내는 얕은 해역이다[1]. 주변에는 11개의 부·현[1)]이 있고, 연안의 육지에는 약 3천만명이 생활한다. 세토내해는 생산성이 높아 수산업이 활발하며, 뛰어난 경관으로 주민들이 수질에 대한 관심도 대단히 높다. 그리고 세토내해 바다의 환경을 경제적 화폐로 환산하면 454조엔이 된다는 계산결과도 있다[2]. 우선 세토내해의 해양환경 문제를 설명하기 이전에 세토내해의 형성에 대한 내용을 살펴본다.

## 2. 육지였던 세토내해

세토내해 해저에서 고대의 나우만코끼리(*Elephas naumanni*)나 사슴, 때로는 물소, 코뿔소, 악어의 화석이 발견되는 것은, 연구자들

1) 우리나라 광역시와 도에 해당하는 행정단위로 부(府)는 광역시로 오사카부(大阪府)와 쿄토부(京都府) 2개가 있다. 현(県)은 도에 해당한다. 세토내해에 인접하는 광역시는 오사카부, 규슈에 2개(후쿠오카현(福岡県), 오이타현(大分県)), 혼슈에 5개(야마구치현(山口県), 히로시마현(広島県), 오카야마현(岡山県), 효고현(兵庫県), 와카야마현(和歌山県)) 및 시코쿠에 3개(도쿠시마현(徳島県), 카가와현(香川県), 에히메현(愛媛県))의 현이 위치한다.

사이에는 널리 알려진 사실이다[3][4]. 육상에 생활기반을 두고 있는 코키리 등의 동물화석이 왜 해저에서 발견되는 것일까. 이것은 세토내해의 역사에 대한 중요한 논제가 된다. 주로 세토내해 연안에 서식하는 투구게(*Tachypleus tridentatus*)가 속하는 검미류(劍尾類, xiphosurans)가 고생대의 생물이라는 것에 세토내해의 역사가 고생대 캄브리아기까지 거슬러 올라간다는 견해도 있지만, 실제는 그렇지 않다. 지구의 46억년 역사에서 극히 최근인 약 2만 년 전에 세토내해는 존재하지 않았다. 당시의 해수면은 현재보다도 약 125m 낮은 위치에 있었고[5], 세토내해에 해수가 채워지기 직전의 지형을 토대로 살펴보면, 당시의 해안선은 현재의 시코쿠의 태평양연안과 거의 동일한 위치에 있었을 것으로 판단된다. 현재는 세토내해의 해저인 그 당시 육지에 나우만코끼리, 사슴 등의 동물이 서식했다는 사실을 화석의 분포로부터 이해할 수 있다.

## 3. 해수면 변동사

세토내해가 100m 이상의 표고를 나타내는 육지를 나타내는 해수면의 하강 원인은 빙하성 해수면 변동에 있다. 최근 수 십 만년 사이에 여러 번의 빙기(氷期, glacial)가 있었던 것은 유럽이나 아메리카 대륙의 육상에 남겨진 빙하성 퇴적물이나 대양저에서 얻은 시추시료의 유공충 껍질의 동위원소 비의 변화에서 알 수 있다. 육상에 대륙빙하가 존재하는 시대를 빙하시대라고 하지만, 이 정의에 의하면 현재에도 그린란드나 남극대륙에 대륙빙하가 존재하기에 빙하시대라 할 수 있다. 빙하시대에는 현재와 같이 따뜻한 간빙기(間氷期, interglacial; 엄밀하게 말하면 후빙기)와 추운 빙기가 교대로 발생한다. 지구규모의 물 순환에 의해 주로 해역으로부터 증발한 수증기의 일부가 극 지역으로 이동해 눈으로 내린다. 눈은 상부의 압력에 의해 얼음으로 변한다. 빙기에는 여름에도 이런 얼음은 만들어지고 오랜 기간에 걸쳐 대륙빙하로 성장해 간다. 대륙빙하 안에는 수천m의 두께까지 발달한 것도 있고, 현재 그린란드나 남극의 빙상은 수천m의 두께를 나타낸다. 그 결과 얼음인 물이 대륙에 고정된 부분만큼 해수량은 감소하고, 해수면 고도가 낮아진다. 간빙기에는 대륙빙하나 산악빙하가 녹아 바다에 돌아가면서 해수면 고도는 회복된다. 이러한 해수면의 상승과 하강을 빙하성 해수면 변화라 하며, 빙하시대에는 이러한 일이 반복된다. 세토내해 해저에서 발견되는 나우만코키리 등의 육상동물 화석은 최근의 우룸 빙하기의 해수면 하강 시대에 태어난 생물이 죽은 후 지층 안에 보존되었던 것이 조류에 씻겨서 발견된 것이다. 이보다 더 오래된 시기에 형성된 지층의 화석이 조류에 씻겨 발견되었을 가능성도 있다.

## 4. 바다 이전의 새토내해 지형

육지였던 세토내해 지역은 어떠한 모습으로 변화하며 현재의 모습으로 되었는지를 알 수 있는 방법이 있다. 즉 세토내해가 바다가 되기 이전의 지형 정보인 [기반 등심선도]와 해수면이 어느 정도의 속도로 상승하였는지를 알면 된다. 해수면 상승에 수반하는 세토내해의 형성 과정은 세계적인 해수준(海水準) 변동곡선과 바다가 되어 세토내해의 해저에 퇴적된 퇴적물을 제거한 기반(基盤) 등심선도에서 추정할 수 있다. [세계적인 해수준 변동곡선]이라 해도, 실제로 세계 어디서나 적용 가능한 곡선은 없고, 대륙빙상이 크게 발달했던 지역과 그렇지 않은 지역은 매우 다른 특성을 보이는 것을 알 수 있다. 즉, 두께가 수km에 달하는 빙상이 실려 있던 지역에서는 대륙의 지각균형(地殼均衡, isostasy)에 의해 현재에도 융기가 계속 되고 있는 반면, 그렇지 않은 지역에서는 약 6천~5천 년 전에 최고 해수준에 도달하였다. 여기서는 세토내해 에 적용할 수 있는 해수준 곡선을 이용한다(그림 3)[6].

다음에는 세토내해의 [기반 등심선도]가 있지만, 이것은 음파 탐사에 의해서 작성 가능하다. 세토내해의 해저 지질은 음파 탐사에 의해 U층과 L층으로 나눌 수 있다(그림 4)[7]. U층은 세토내해가 바다로 변한 이후의 지층이며, L층은 바다가 되기 이전의 지층이다. L층의 일부는 세토내해가 형성되는 과정에서 조류에 의해 침식을 받았다. 특히 조류에 의한 침식은 해협부에서 활발하였다. L층의 최상부의 심도 및 그 후에 침식을 받은 경우에는 현재 L층이 분포하는 최상위을 가지고 기반의 심도로 한다. 이 기반 등심선도(그림 5)[8]와 해수준 곡선을 비교하여 세토내해가 바다로 변화하는 모습을 복원할 수 있다.

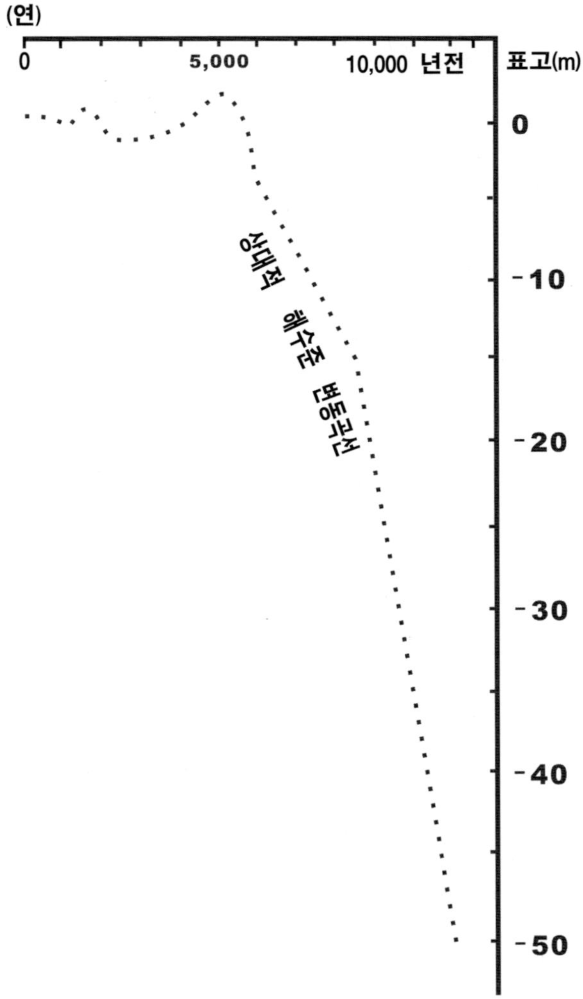


**그림 3.** 해수준 곡선(增田 등[6]에 의한 상대적 해수준 변동곡선).

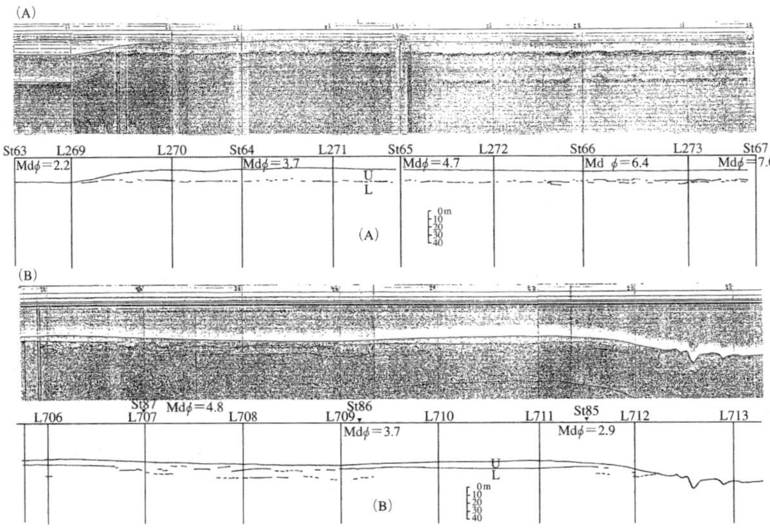


**그림 4.** 세토내해의 음파탐사 기록의 예와 스케치.
히우치나다 서부(A)와 분고수도 동부(B).

**그림 5.** 세토내해의 기반 등심선도.

## 5. 해역의 확대

우룸 빙하기 이후, 지구 전체는 온난기로 접어들어 현재에 이르고 있으며, 이 과정에서 해수면 상승은 시작된다. 해수면이 상승하기 시작하는 시기의 해안선(그림 6)은, 현재의 시코쿠의 태평양 연안의 가까운 곳에 위치하고 있었을 것으로 생각된다. 해수면이 상승하여 세토내해 지역으로 해수가 들어오면서 최초로 바다가 된 것은 현재의 분고수도 해역이라 추정된다. 세토내해 서쪽인 분고수도는 현재 수심이 100m 전후로 세토내해에서 가장 깊은 수심을 나타낸다. 이후 세토내해 동쪽 출입구인 기이수도에도 해수가 유입하게 된다. 바다가 도모가시마수도 부근까지였던 약 1만 2천 년 전 경에는 분고수도 쪽의 바다는 현재의 이요나다의 북부에까지 해수가 유입되고 있었다. 약 1만 년 전에는, 비산세토 및 수오나다 서부를 제외한 대부분의 해역에 해수가 유입되었다. 이와 같이 세토내해의 대부분에 해수가 유입된 시기를 [세토내해의 탄생]이라고 할 수 있다. 이후 해수준의 상승과 함께 한층 더 해역이 넓어져 동쪽과 서쪽으로부터 들어온 해수가 연결되어 바다인 세토내해가 완성된 것은 약 9천 년 전의 일이다(해수준 약 30m). 외부로 연결되는 해협 가운데, 마지막에 남은 간몬해협은 세토내해 완성 이후 상당한 시간이 지난 다음의 일이다. 비산세토 및 수오나다 서부도 해역이 확대되고, 죠몽해진기[2](繩文海進期, 약

2) 일본에서는 1만 2~3,000년 전부터 약 1 만년사이를 조몽시대(繩文時代)라고

5~6,000년 전)에는 현재보다 약 2m 해수면이 상승함에 따라 바다가 현재의 육지부분에도 확대된 다음, 해안선은 거의 현재의 위치에 안정되었다. 이 과정에서 해협부에는 강한 조류가 발생하게 되었다. 결과 조석류가 해저를 침식하고, 지층에 있던 화석을 씻어낸 것이다. 해저에서 발견되는 화석류는 이와 같이 해저의 지층이 씻겨 나타나는 것이다.

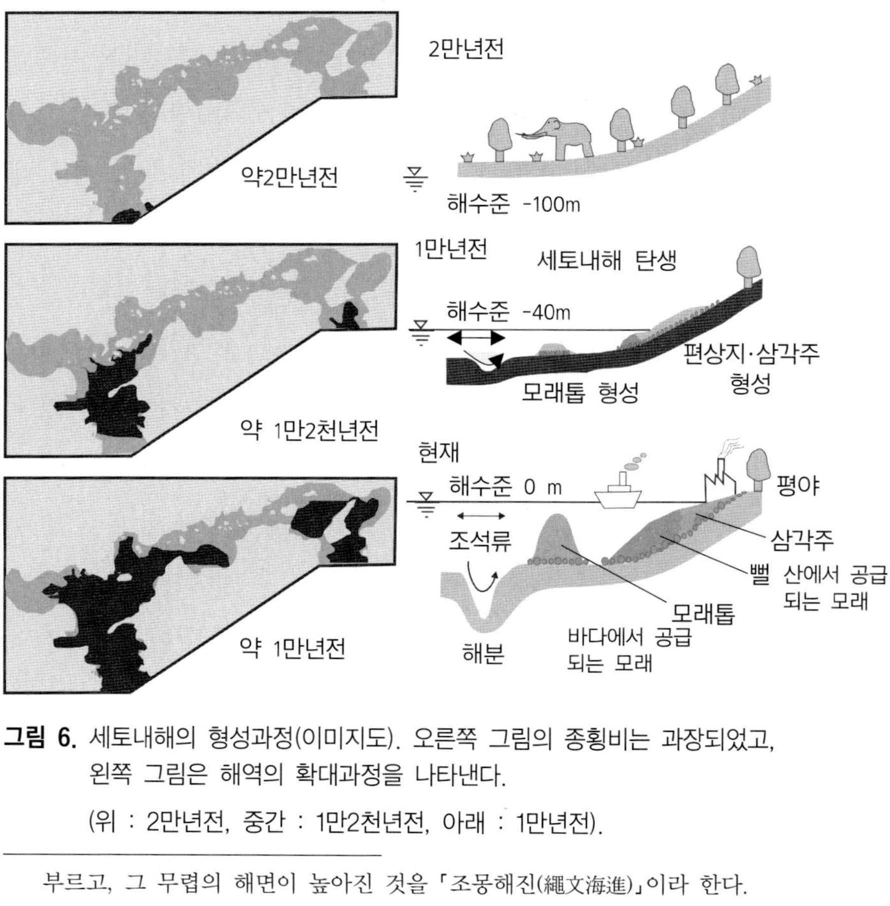


**그림 6.** 세토내해의 형성과정(이미지도). 오른쪽 그림의 종횡비는 과장되었고, 왼쪽 그림은 해역의 확대과정을 나타낸다.
(위 : 2만년전, 중간 : 1만2천년전, 아래 : 1만년전).

---

부르고, 그 무렵의 해면이 높아진 것을 「조몽해진(繩文海進)」이라 한다.

## 6. 해저지형의 분포

약 23,000km$^2$의 넓이에 복잡한 해안선을 나타내는 세토내해의 해저지형은, 얼핏 보더라도 변화가 복잡할 것으로 보이나, 해저지형의 분포에는 규칙성이 있다. 결론적으로 세토내해의 해저지형은 조류에 의해서 지배된다고 할 수 있다. 우선 세토내해의 해저지형의 주요 내용을 살펴보면, 조류의 침식작용에 의해서 형성된 해부(海釜, cauldron) 지형[3]과 운반・퇴적작용에 따라서 형성된 모래여울(砂浪, sand wave) 지형 및 기타 지형으로 구분된다. 해부지형은 해협의 가장 협소한 부분(最狹部)이 주변보다 얕은 말안장 모양을 나타내는 쌍생형 해부(雙生型海釜, 그림 7), 최협부가 움푹 패인 부분이 계속되는 단성형 해부(單成型海釜, 그림 8), 그리고 섬이나 곶의 선단부에 분포하는 곶형 해부(岬型海釜, 그림 9) 등 3가지로 구분된다[9]. 이러한 지형의 상당수는 섬과 섬 사이의 「세토」라 불리는 해역에 있고, 곶형 해부는 「탄(灘)[4]」으로 불리는 개방된 해역에서도 볼 수 있다. 일반적으로, 해부주변은 조석이 빨라 퇴적이 활발하지 않고, 퇴적층의 두께는 얇다. 조류의 속도가 감소하기 시작하면 조립한 입자부터 서서히 퇴적하기 시작한다. 이와 같은 해역의 지형단면에는 파장 수백m, 파고가 수m 규모를 보이는 톱날 모양의 모래여울이 분포한다(그림 10).

---

3) 원형, 타원형 및 초승달 모양을 나타내는 해저의 함몰지를 나타내는 말
4) 일본어 발음으로는 나다로 불린다. 현해탄(玄海灘, 켄카이나다) 등

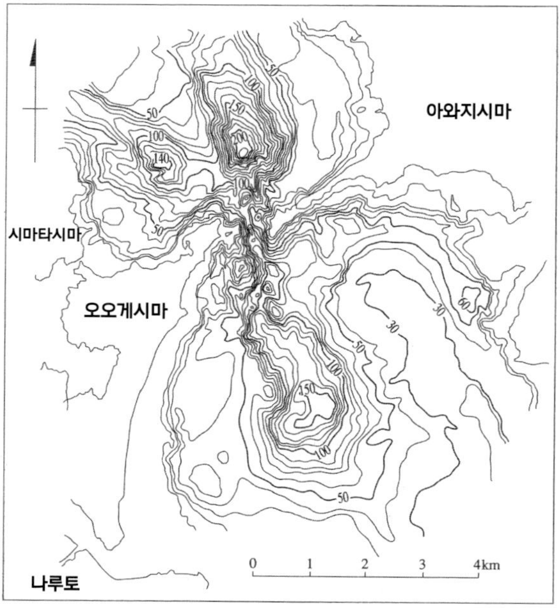


**그림 7.** 쌍생형 해부의 해저 지형(나루토해협).

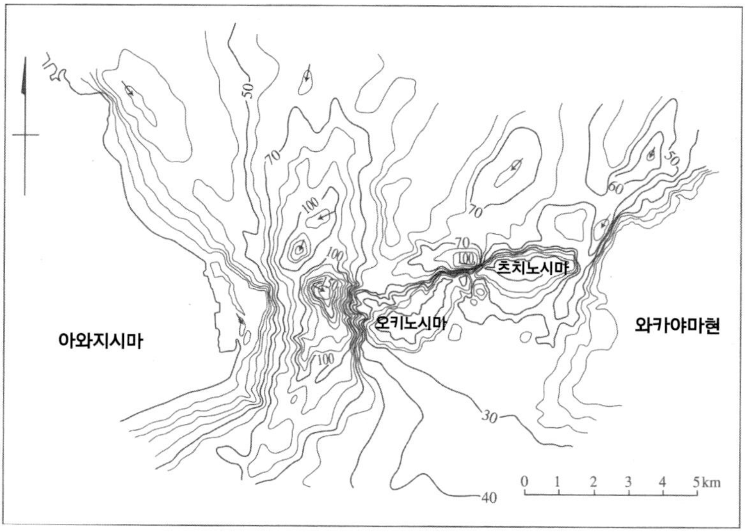


**그림 8.** 단성형 해부의 해저 지형(도모가시마수도).

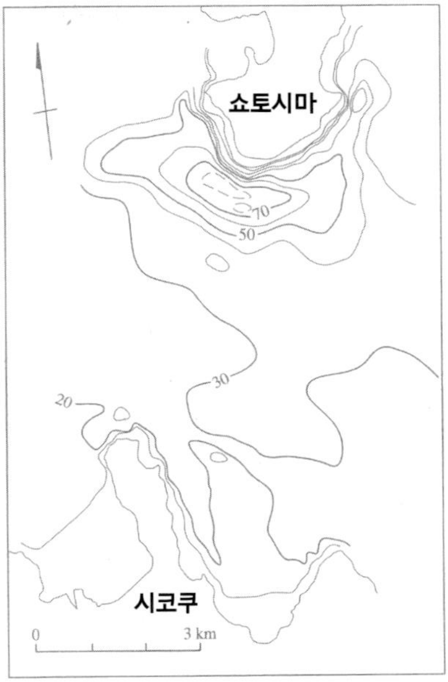


그림 9. 곶형 해부의 해저지형(쇼도시마남쪽).

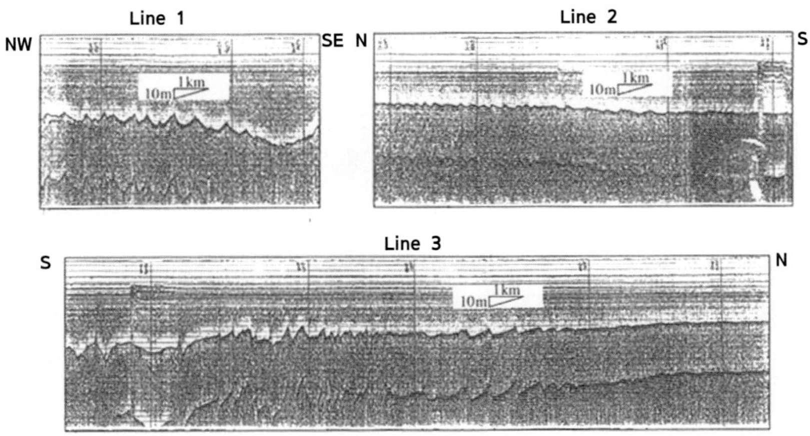


그림 10. 모래여울(sand wave)의 지형단면도 각 Line의 위치는 그림 11에 표시.

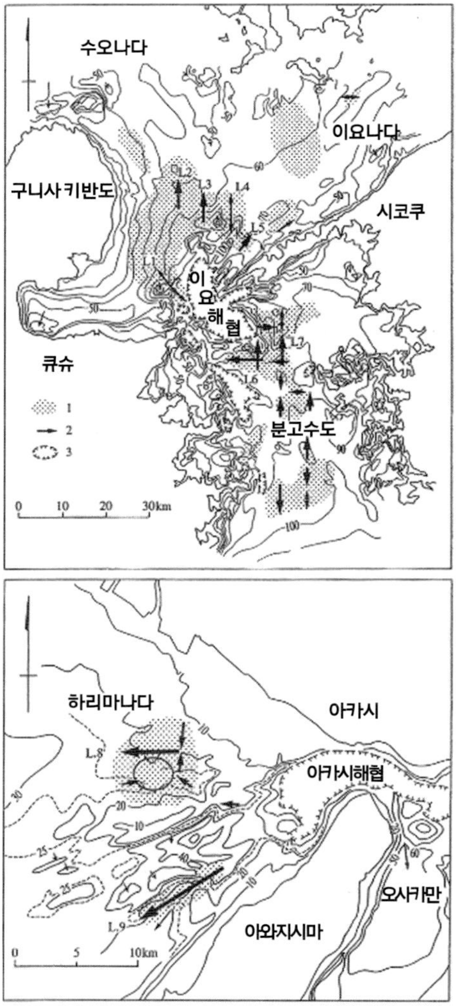


**그림 11.** 모래여울의 분포. 화살표는 해저경사가 완만한 부분에서 급한 방향으로 표시하였다.

일반적으로 톱날의 완만한 경사면이 해협 쪽에, 급한 사면이 해협에서 떨어진 방향에 배열한다(그림 11). 섬이 복잡하게 위치하는 해역에는 원래 모래여울이 분포하는 해역에 모래가 두껍게 퇴적되어, 모래톱(砂堆, sand bank)이 형성되는 경우가 있다. 해협의 모래여울 해역에서 더 멀어진 곳으로 이동하면, 퇴적물은 보다 세립한 입자가 되어, 펄 퇴적물 형태로 변화한다. 이와 같은 해역의 해저는 평탄하고, 변화가 적은 지형이 된다. 다만, 펄 퇴적물이 넓게 분포하는 해역에도, 섬이나 반도 등 돌기물이 존재하는 해역에서는 앞에서 설명한 곶형 해부가 분포하여, 해부 밑의 지층이 침식되는 경우도 있다. 세토내해의 해저지형

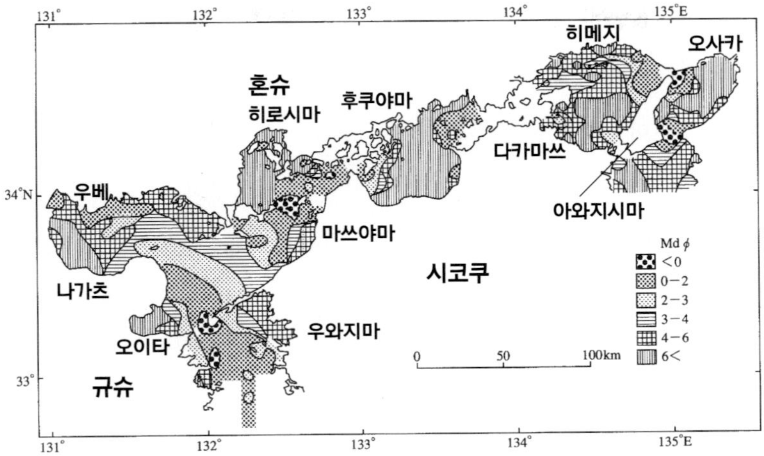


**그림 12.** 세토내해 표층퇴적물의 입도분포도. 중앙 입경값으로 표현한 퇴적물 입도. 값이 낮을수록 조립한 퇴적물을 나타낸다.

은 조류 속도는 물론, 퇴적물의 분포에도 매우 밀접한 관련성을 나타내고 있다.

세토내해의 표층퇴적물 분포 특징은, 큰 해협부를 중심으로 한 입도의 수평급화이다(그림 12). 즉 표층퇴적물의 입도는 해협부에서 가장 조립하여 암반이나 자갈이 분포하며, 해협부에서 멀어짐에 따라 퇴적물의 조성은 극조립사, 조립사, 중립사, 세립사, 극세립사로 한층 더 세립하여 간다. 이러한 표층퇴적물의 입도 변화는 규모의 대소에 차이는 있지만, 세토내해의 해협 주변에서 일반적으로 볼 수 있는 현상이다. 이러한 분포의 원인은 조류에 의한 해협부의 침식과 운반 때문이다. 파랑에 따른 해안부의 퇴적물 분포를 살펴 보면, 그림 12에서와 같이 표층퇴적물 분포도에 표시할 수 없을 정도의 수준이다. 해안부에 분포하는 모래 퇴적물은 외해로 수km도 가기 전에 펄 퇴적물로 변화하고 있어, 파랑의 저질 입도에 미치는 영향은 세토내해 전체에서 그림으로 표시할 수 없을 정도로 미약한 것을 알 수 있다. 제8장에서 설명하는 바다모래 자원의 문제와 관련하여 설명하면, 세토내해에는 2 종류의 모래가 존재한다. 하나는 바다에서 만들어진 모래와 또 다른 하나는 산에서 유입된 모래이다(그림 6). 전자는 조류가 해저의 지층이나 암반을 침식하여 만들어진 모래 입자를 기원으로 하는 것이고, 후자는 해안의 바위가 파도에 의해 부서진 모래와 홍수시 육상 기원의 모래가 하천을 통해 바다로 유입된 모래이다. 즉, 일반적으로 사람들이 보는 해안의 모래는 산에서 온 모래로 파도에 의해 하구나 해안을 따라 이동한 것이다. 바다모래로 채취되는 모래는 전자의 바다에서 만들어진 모래로, 일반적인 해안의 모래를 형성하지 않는다. 또 바다모래 채취해역은 일반적으로 섬들이 복잡한 해역으로 바람의 취송거리가 크지 않고, 풍랑이 발생하기 어려운 환경조건을 구비하고 있다. 따라서 모래톱이 없어지는 것은 큰 풍랑 등으로 해안의 모래가 침식되어 외부로 운송된다고 생각하기 어렵다. 따라서 바다에서 형성된 모래는 육상 기원의 모래와는 달리 채취에 따른 해안침식 등이 발생하기는 어렵다.

## 7. 해저환경

세토내해의 해저지형과 조류 속도 사이에는 높은 유의성을 나타내고 있는 것으로부터 해저퇴적물의 분포도 조류와 밀접한 관계를 나타낸다. 즉 세토내해 해저퇴적물 분포와 해양환경의 관계를 보면, 적조발생이 극심했던 1975년경에는 오사카만, 하리마나다, 히우치나다, 히로시마만, 수오나다, 벳푸만과 펄 퇴적물이 분포하는 해역 대부분에서 적조가 발생하였다[10]. 그러나 모래 퇴적물 분포를 보이는 해역에서 적조발생은 그다지 심하지 않았다. 이와 같은 결과로부터 펄 퇴적물이 분포하는 해역에서 적조발생 가능성이 높은 것을 알 수 있다. 퇴적물에 포함되는 인, 질소, 아연의 분포도[9]를 보면, 이들 농도가 높은 해역은 펄 퇴적물의 분포와 거의 일치한다. 반대로 모래 퇴적물이 분포하는 해역에서 이들 원소의 농도는 전체적으로 낮다. 이는 펄 퇴적물이 분포하는 해역은 쉽게 오염 물질도 축적된다는 것을 나타낸다.

## 8. 요약

세토내해의 해저지형과 퇴적층, 저서환경은 밀접한 관련을 나타내며, 그들은 조류에 의해서 크게 지배되고 있는 것을 알 수 있었다. 즉, 세토내해의 해협부 가까이 조류가 빠른 해역의 해저는 암반, 자갈 및 모래에 의해 구성되고 있으며, 오염물질이 집적되기 어렵다. 그러나 해협부에서 떨어진 상대적으로 조류가 약한 해역의 해저는 세립한 퇴적물에 의한 퇴적상으로 오염물질 집적이 쉽고, 적조 발생도 쉽게 된다.

## 참고문헌

[1] 環境庁水質保全局監修, 1999. 平成10年度瀬戸内海の環境保全資料集. (社)瀬戸内海環境保全協会, 1-2.

[2] 朝日新聞社, 1998. 朝日新聞. 12月20日.

[3] 今村外治, 1974. 楠見久先生退官記念文集, 107-121.

[4] 山本慶一, 1988. 備讃瀬戸海底産出の脊椎動物化石. 倉敷市立自然史博物館, 1-6.

[5] Yokoyama, Y. et al., 2001. Paleogeography, Paleoclimatology, Paleoecology, 165, 281-297.

[6] 増田富士雄 등, 2000. 地質学雑誌, 106, 482-488.

[7] Inouchi, Y., 1990. Bull. Geol. Surv. Japan, 41, 49-86.

[8] 井内美郎, 1998. 瀬戸内海の自然と環境, (社)瀬戸内海環境保全悔会, 12-33.

[9] 桑代 勲, 1959. 地理学評論. 132, 24-34.

[10] 環境庁水質保全局監修, 1999. 平成10年度瀬戸内海の環境保全資料集, (社)瀬戸内海環境保全協会, p.35.

(井内美郎 Inouchi Yoshio)

제3장

# 세토내해의 퇴적속도와 퇴적물의 중금속 농도

앞쪽사진 연안해역의 갯벌 : 사진은 한국 남해안 중앙부에 습지보전지구로 지정되어 있는 순천만 갯벌 사진이다. 갯벌은 연안해역의 물질순환 및 자원조성에 매우 중요한 역할을 수행한다.

# 1. 서언

바다에 유입된 유기물(有機物, organic matter), 영양염류(榮養鹽類, nutrients), 중금속 원소 등 많은 물질은 해수에서 화학적, 생물학적 변화를 받으면서, 입자 상태로 존재하다 최종적으로 해저에 침강, 퇴적하게 된다. 본장에서는 세토(瀨戶)내해 해수 중 입자물질의 퇴적속도와 수평분포에서 이들 물질의 수송과정을 지배하는 요인을 파악하고, 퇴적물의 연대측정과 중금속 원소 농도로부터 오염의 변천에 대해 고찰한다.

본장에서 설명하는 세토내해 해역은 그림 13에 표시한 것과 같

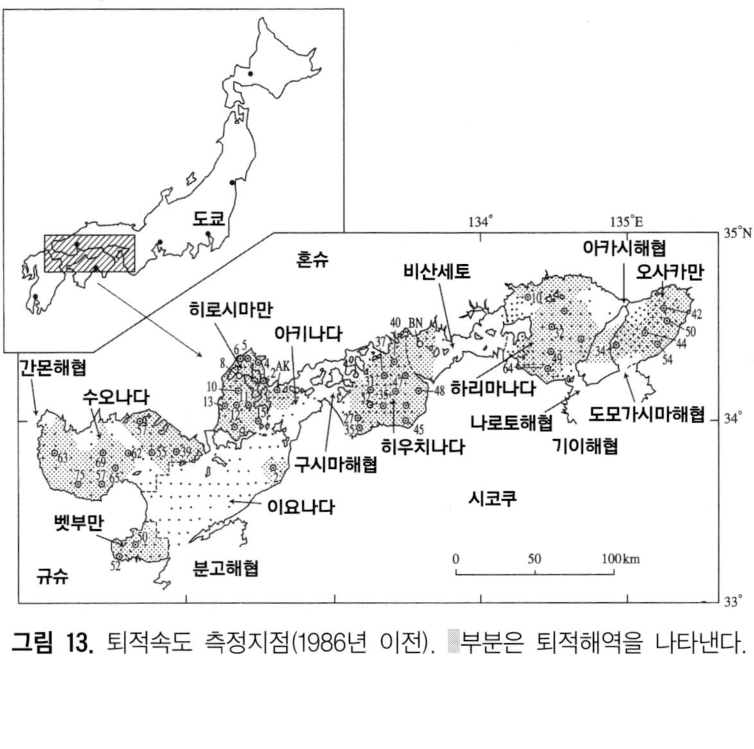


그림 13. 퇴적속도 측정지점(1986년 이전). ▒부분은 퇴적해역을 나타낸다.

이 환경청(1995년 당시)에 의해 정의된 해역에서 기이수도, 분고수도 및 히비키나다를 제외한 해역으로 약 17,100km$^2$의 면적에, 약 520km$^3$의 체적 및 30m의 평균 수심을 나타낸다(표 1).

**표 1.** 세토내해 해역 제원 및 입상 물질, 중금속 원소, TN, TP, Org. C의 퇴적 부하량(t/년) 및 현존량(t) (괄호 속의 수치는 현존량, 단 입상 물질은 ×10$^6$t (Hoshika et al.[10] 일부수정).

| 해 역 | 면적 (km$^2$) | 체적 (km$^3$) | 퇴적역 면적 (km$^2$) (Mdφ>4) | 입상 물질 SS | 아연 | 구리 | 니켈 | 크롬 | 철 | 전질소 (TN) | 전인 (TP) | 유기태 탄소 (Org.C) |
|---|---|---|---|---|---|---|---|---|---|---|---|---|
| 오사카만 | 1,530 | 42 | 1,090 | 3.6<br>(0.3) | 550<br>(200) | 90<br>(30) | 140 | 180 | 70,300<br>(400) | 4,400<br>(14,100) | 800<br>(1,700) | 55,200 |
| 하리마나다 | 3,430 | 89 | 1,990 | 4.1<br>(0.4) | 810<br>(130) | 120<br>(50) | 190 | 310 | 147,600<br>(300) | 9,000<br>(15,200) | 1,600<br>(3,500) | 92,500 |
| 비산세토 | 920 | 13 | 240 | -<br>(0.1) | -<br>(70) | -<br>(20) | - | - | -<br>1 (00) | -<br>(5700) | -<br>(700) | - |
| 히우치나다 | 2,250 | 38 | 1,960 | 3.9<br>(0.2) | 78<br>(90) | 210<br>(30) | 190 | 250 | 118,200<br>(100) | 7,800<br>(7,600) | 1,500<br>(1,100) | 120,000 |
| 아키나다 | 960 | 28 | 170 | 0.2<br>(0.1) | 30<br>(30) | 10<br>(20) | 10 | 10 | 5,800<br>(200) | 400<br>(7,600) | 100<br>(900) | 3,200 |
| 히로시마만 | 950 | 24 | 880 | 2.6<br>(0.1) | 440<br>(50) | 70<br>(10) | 80 | 90 | 68,800<br>(500) | 5,200<br>(6,700) | 800<br>(900) | 51,100 |
| 이요나다 | 3,460 | 197 | 110 | 0.6<br>(0.8) | 60<br>(230) | 10<br>(80) | 20 | 30 | 1,600<br>(100) | 500<br>(50,700) | 200<br>(5,500) | 4,900 |
| 수오나다 | 3,100 | 74 | 2,350 | 4.7<br>(0.3) | 700<br>(300) | 100<br>(40) | 160 | 190 | 151,000<br>(100) | 8,700<br>(20,400) | 1,700<br>(700) | 94,000 |
| 벳부만 | 480 | 17 | 410 | 0.9<br>(0.1) | 130<br>(60) | 20<br>(10) | 30 | 30 | 23,600<br>(100) | 2,000<br>(5,100) | 300<br>(700) | 23,800 |
| 세토내해 전역 | 17,100 | 520 | 9,200 | 20.6<br>(2.4) | 3,500<br>(1,160) | 630<br>(290) | 820 | 1,090 | 587,500<br>(1,900) | 38,000<br>(113,100) | 7,000<br>(17,400) | 44,470 |

해역구분 및 면적은 水産廳 "어장개량 복구 기초조사 보고서"(1974)에 의함.

## 2. 퇴적속도의 측정

퇴적속도는 $^{210}Pb$ 연대 측정법으로 구하였다. 이 방법은 지각내의 $^{226}Ra$의 방사선 붕괴를 통하여 대기 중에 생성하는 $^{210}Pb$가 에어로졸에 흡수되고, 강수와 함께 해수를 거쳐 퇴적물에 축적되기에 $^{210}Pb$ 함유량을 측정함으로서 연대측정이 가능하다. $^{210}Pb$의 반감기는 22.3년이므로 100년 정도의 연대를 결정하는데 적합한 방법이다.

지금 퇴적물 표층에서 깊이 z cm의 $^{210}Pb$ 함유량 A(W) (Bq/g)는, 깊이 z까지 단위면적 당의 퇴적적산중량을 W (g/cm$^2$)라고 하면 다음 식으로 표현된다.

$$A(W) = \{A(0) - A(\infty)\} \exp(-\lambda W/\omega) + A(\infty) \qquad (1)$$

여기서 λ은 $^{210}Pb$의 붕괴상수 (0.03111/년), ω는 퇴적속도 (g/cm$^2$년)이다. A(0)는 퇴적물 표면의 $^{210}Pb$ 함유량, A(∞)는 $^{210}Pb$ 함유량이 일정하게 되는 깊이의 값으로, 백그라운드로 포함하는 $^{210}Pb$함유량이다.

A(0) - A(∞) } 는 Aex (W)로 나타내고, 과잉 $^{210}Pb$ ($^{210}Pbex$)로 불린다. (1) 식은

$$Aex(W) = Aex(0) \exp(-\lambda w/\omega) \qquad (2)$$

이 된다. 따라서 퇴적중량 W에 대해서 Aex(w)의 대수를 플로트

하면, 직선의 기울기로부터 평균 퇴적속도 ω가 구해진다.

본장에서는 2가지 방법으로 $^{210}$Pb함유량을 측정하고 있다. 측정방법을 간단히 소개하면, 1m의 주상채니기로 채취된 퇴적물을 수cm 단위로 절단하여 건조시켜 분말을 만든 다음, 화학적 전처리로 $^{210}$Pb를 추출한다. 다음에 $^{210}$Pb의 딸핵종인 $^{210}$Bi의 생성을 기다렸다 $^{210}$Bi의 붕괴에서 방출되는 β선을 낮은 배경농도에서 측정분석기(gas proportional scintillation counter)로 측정하였다(그림 13의 47개 정점의 측정방법으로 추출 처리가 다소 복잡하다). 나머지 방법은 분말시료를 아크릴용기에 밀봉하여 시료의 $^{210}$Pb에서 방출되는 46.5keV의 γ선을 반도체 검출기로 직접 측정하는 방법이다. 최근 반도체 검출기의 발전으로 시료를 사전처리 하지 않고 비교적 간단하게 낮은 에너지 γ선을 계측할 수 있게 되었다. 그림 13의 47개 정점 이외의 시료는 이 방법으로 측정하였다.

## 3. 세토내해의 퇴적속도

세토내해의 주요 해역의 47개 정점을 대상(그림 13참조)으로 측정한 퇴적속도의 결과[1]에 오사카만(大阪灣), 히우치나다(燧灘) 및 히로시마만(廣島灣)에 추가 정점을 선정하여 측정한 퇴적속도의 결과를 합하여, 세토내해의 퇴적속도 분포도를 작성하여 해역의 특성을 고찰하면 다음과 같다.

세토내해의 퇴적속도는 0.11 g/cm$^2$년에서 1.13 g/cm$^2$년로 비교적 큰 변동 폭을 보였다. 퇴적속도가 0.15 g/cm$^2$년 이하로 낮은 해역은 오사카만의 입구와 중앙부 서쪽, 하리마나다의 북부 연안 해역, 하리마나다의 이에시마제도 남부, 히우치나다의 동부, 수오나다의 동부 등으로 비교적 유속이 빠른 해역이다. 한편, 0.30 g/cm$^2$년 이상으로 상대적 높은 퇴적속도을 보이는 곳은 오사카만의 중앙부, 하리마나다 중앙의 동부, 히우치나다의 중앙부, 히로시마만의 내만 및 중앙부 등이었다. 다음에 자세하게 설명하지만, 특히 오사카만이나 히로시마만은 0.50 g/cm$^2$년 이상의 빠른 퇴적속도를 나타내었다.

약 1만 8천 년 전에 약 80m였던 해수준(海水準)은[2] 이후 상승하여 약 1만 년 전의 최종 빙기(우룸빙기) 말기에 분고수도와 기이수도로 유입된 해수가 동서로 서로 통하기 시작한 이후의 조몽해진(繩文海進)에 의해 현재의 세토내해가 탄생하였다고 한다. 그 사이 퇴적된 퇴적물(충적층)의 두께는 10～30m로, 해역에 따라서는 40m인 해역도 있다[3]. 두꺼운 퇴적층이 분포하는 해역은, 현재에도 퇴적작용이 진행되는 것으로 판단된다. 그러나 해협부를 비롯하여 하리마나다 북부인 이에시마제도를 중심으로 하는 동서의 띠 모양으로 횡단하는 해역, 이요나다의 중앙부를 제외한 넓은 범위의 해역과 수오나다 동부의 해역에서 충적층은 발견되지 않으며, 이들 해역은 퇴적이 되지 않은 무퇴적 해역이다. 20m가 넘는 두꺼운 퇴적층이 분포하는 해역의 퇴적속도는 크고[5], 10m 이하의 퇴적층이 분포하는 해역의 퇴적속도는 낮은[6] 경향을 보인다. 이와 같은 경향에 대해 오사카만, 히우치나다 및 히로시마만을 대상으로 보다 세부적으로 살펴보자.

### 가. 오사카만

오사카만(大阪灣)은 오래 전부터 케이한신도시권(京阪神都市圈)[7]을 배후지로 하여 어업, 산업 활동, 해상교통, 레크리에이션 등의 장소로 이용되어 왔다. 특히 오사카만에서 수심의 얕은 육지인접 해역은 일본의 고도경제 성장기에 전대미문의 스피드와 규모로 매립이 진행되어, 중화학공업단지가 형성되는 등 경제, 산업 발전의 한축을 담당하였다. 한편으로 연안육역의 인구증가, 그에 따른 산업 활동의 급격한 증가에 의해 발생하는 각종 공해문제, 해역의 부영양화, 그에 따른 적조발생과 해저 저산소화 등의 환경문제가 심각하게 발생하고 있다.

그림 14는 오사카만 퇴적속도의 수평분포[4]를 나타낸 것으로 만의 중앙부에는 0.8 $g/cm^2$년을 넘는 높은 값을 나타낸다. 오사카만의 연평균 하천 유입량(약 $9.4 \times 10^9$ $m^3$/년)의 95%는 요도강(淀川), 야마토강(大和川), 간자키강(神崎川)을 통해 만으로 유입된다. 이로 인해 상당양의 입상물질(粒狀物質, particulate matter)이 오사카만의

5) 하리마나다 42, 히우치나다 42, 히로시마만 4, 5 및 10, 그리고 이요나다 2 정점 등

6) 하리마나다 24~32, 히우치나다 45와 48 및 수오나다 39, 55와 62 정점 등

7) 일본 서부의 대도시인 京都(Kyoto), 大阪(Osaka), 神戸(Kobe)를 합해서 표현하는 용어로, 이들 3개 도시는 서로 경계를 인접하여 거대도시를 구성한다.

내만해역에 집중적으로 유입되나, 퇴적속도는 내만보다 오히려 만중앙부에서 높다. 이와 같은 퇴적속도의 분포는 두꺼운 충적층 분포 양상과 잘 일치한다.

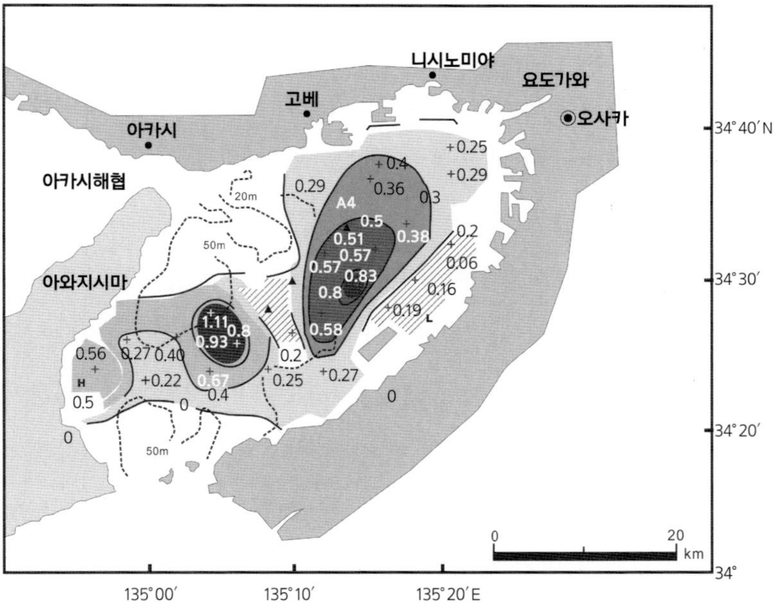


**그림 14.** 오사카만 퇴적속도(g/cm²년)의 수평분포.

중앙입경 62μ이하의 미세입자로 덮여 있는 해역을 퇴적해역으로, 각 정점의 퇴적속도에 정점을 중심으로 한 퇴적해역의 면적을 곱하여 계산한 값을 퇴적 부하량으로 하여, 오사카만의 퇴적 부하량을 검토하였다. 오사카만의 퇴적지역 면적은 1,090km$^2$로, 만 전체의 71%를 차지한다. 오사카만의 연간 퇴적물 부하량은 360만

톤으로, 거의 같은 규모의 도쿄만(東京灣)의 연간 퇴적 부하량 120만 톤의 약 3배에 해당한다. 오사카만 각 해역의 퇴적해역 면적을 입상물질, 중금속 농도, 총 질소, 총 인 및 유기탄소의 퇴적 부하량과 해수중의 현존량(1979~1982년 조사결과)을 표 1에 나타내었다. 퇴적 부하량을 퇴적해역 면적으로 나눈 오사카만의 평균 퇴적속도는 0.33 g/cm$^2$년이다(이 값에는 앞으로 설명하는 대규모 매립과 구조물로 막혀있는 해역의 퇴적 부하량은 포함되지 않았다).

오사카만의 입상물질 수지를 그림 15에 나타내었다. 오사카만에 유입되는 입상물질의 주요한 기원으로 ① 하천에서 유입, ② 식물플랑크톤의 생산, ③ 대기에서 유입, ④ 인간 활동에 의한 생활 및 산업배수 등을 들 수 있고, 제거되는 내용으로는 ⑤ 침강에 의한 퇴적, ⑥ 미생물에 의한 분해를 생각할 수 있기에 각각의 인자에 대하여 계산한 것이다. 자세한 계산방법 및 내용은 星加 등[4]을 참조하기 바란다. 6개의 인자를 고려하여 계산하면, 제거량에 대하여 유입량이 27.8×10$^5$ t/년이나 부족하여 입상물질의 유입량과 제거량의 균형이 맞지 않는다. 이와 같은 결과는 계산에 사용한 하천의 월평균 입상물질의 농도가 평수시의 값이기에 부족분은 장마나 태풍에 의해 해역으로 유출되는 입상물질에 의해 보충된다고 생각할 수 있다. 유입량과 제거량의 차이에서 일시적으로 보충되는 양은 연간 퇴적량의 77%로서, 오사카만은 평수시의 6배 이상의 입상물질이 장마와 태풍 등에 의해 일시적으로 대량으로 유입되는 단기간의 사건으로 채워지고 있음을 알 수 있다.

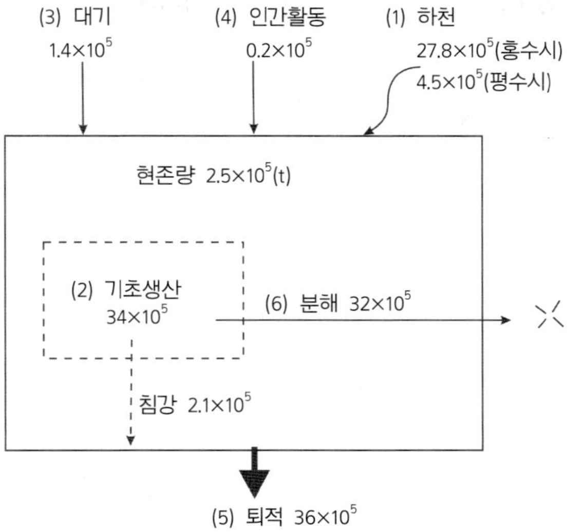


**그림 15.** 오사카만의 입상물질의 수지 (t/년).

단기간에 유출되는 막대한 입상물질의 유입과 특징적인 흐름이 오사카만 입상물질의 퇴적과정이나 퇴적속도에는 어떻게 영향을 미치는 것일까? 홍수와 같은 이상유출(異常流出)이 될 때의 오사카만의 흐름은 평수시와 다르게 나타난다[5]. 이상유출에 의해 내만에 공급된 막대한 양의 입상물질은 밀도류가 탁월한 유출 직후 또는 몇일 사이에 연안제트흐름(coastal jet)에 의해 만 중앙부의 전선(前線, front)을 넘어 오사카만 서부의 아카시해협(明石海峽) 인근까지 이동한다. 이후 연안제트흐름이 약해지면서 평수시의 유동 환경이 되면, 이상 유출에 의해 해협인근까지 이동된 입상물질은 조류에 의해 재차 혼합되면서 해협부는 이차적인 입상물질의 공급원이 되어, 주변해역으로 수송하면서 침강, 퇴적된다. 이런 오사카만 특유의 물질수송 과정이 만내의 퇴적속도와 퇴적층의 입도조성 분포를 지배한다.

퇴적속도가 빠른 해역은 만 중앙부 부근에서 눈알 모양을 하고 있다. 이와 같은 경향은 오사카만이 아카시해협 제트흐름의 선단부에 해당하고 있어, 만일 제트흐름이 소용돌이를 형성하게 되면, 입상물질은 소용돌이에 빨려 들어가 소용돌이가 멈추는 장소에 퇴적되는 것과 관련되고 있을지도 모른다. 또, 아와지(淡路)섬 동부 연안에 퇴적속도가 빠른 해역이 보이는 것으로부터, 이 해역과 남서부의 눈알에 해당하는 해역이 도모가시마수도 흐름의 영향을 받고 있는 것으로 생각된다.

나. 오사카만 내만의 대규모 매립과 구조물의 조성된 해역의 퇴적

오사카만 내만해역의 도시연안부는 대규모 매립, 방파제, 안벽 등 항만시설의 정비로 인해 인공 구조물로 막힌 해수면이 현재 85km$^2$에 달하고 있다. 이와 같은 해역의 환경변화는 해수의 흐름을 현저하게 약화시켜, 여름에는 빈(무)산소 상태로 변하여 무생물환경을 조성하고 있다[6]. 이들 해역은 선박의 항해와 묘박[8], 파랑 등의 물리적 작용으로 퇴적층이 교란되어 많은 정점에서 $^{210}$Pb(ex)의 감쇠곡선에 의한 퇴적속도를 구할 수가 없었다. 다행스럽게 오사카만 퇴적물 중의 $^{210}$Pb(ex)의 현존량(inventory)과 $^{210}$Pb(ex)의 감쇠곡선에서 구한 퇴적속도 사이에는 그림 16과 같이 매우

8) 육상에 계류하지 않고 바다에 닻을 내려 정박하는 상태를 말한다.

유의적인 직선관계가 성립하는 것으로부터, 각 정점의 퇴적물중 $^{210}$Pb(ex)의 현존량을 구해 퇴적속도를 추정하여, 그 결과를 그림 17에 나타내었다. 이 결과에서 내만해역의 퇴적 부하량을 계산하면, 오사카만 전체의 11%에 해당하는 41만 톤이 퇴적되어 있는 것이 되며, 평균 퇴적속도는 0.48 g/cm$^2$년이 된다. 내만해역은 육지와 인접하고 있어, 퇴적물에는 오염물질 농도가 매우 높고, 내만에 축적된 오염물질의 양은 막대할 것으로 판단되어, 오사카만 전체에 미치는 영향이 우려되는 해역이다.

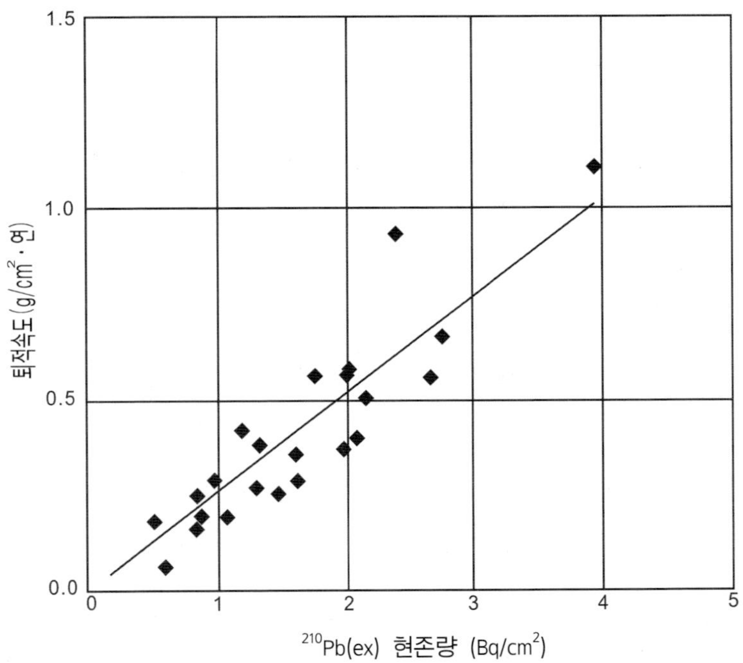


**그림 16.** 오사카만에서 측정한 $^{210}$Pb(ex) 현존량(inventory)과 $^{210}$Pb(ex) 감쇠곡선에서 구한 퇴적속도의 관계.

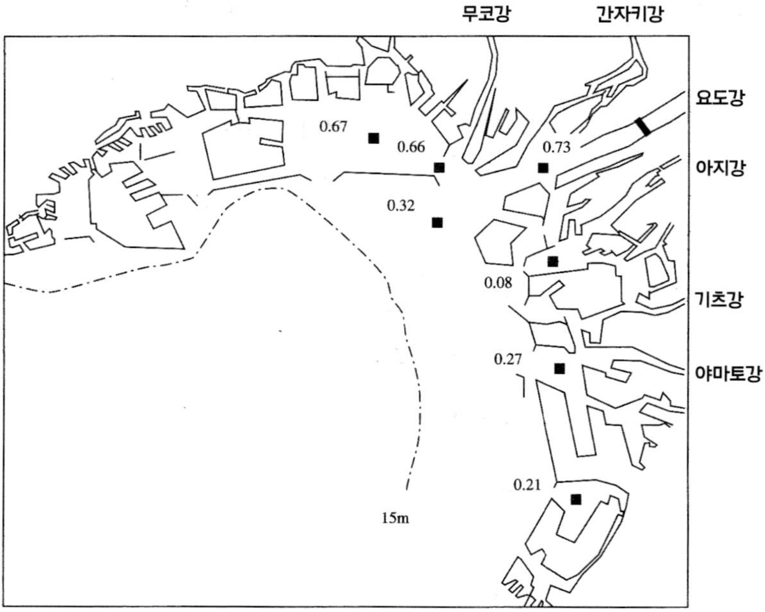


**그림 17.** 오사카만 내만해역의 매립 등으로 정체된 해역의 퇴적속도(g/cm$^2$년).

## 다. 히우치나다

히우치나다(燧灘)는 세토내해의 중앙부에 위치하는 폐쇄적인 해역으로 분고수도와 기이수도에서의 조류가 만나서 분리되는 해역이기에 전체적으로 조류가 약하고, 특히 동부해역에서 해수 정체가 심하다. 예로부터 히우치나다는 풍요로운 수산자원의 혜택을 누리고 있었지만. 1960년대의 고도경제 성장기 이후는 PCB나 중금속 오염, 적조와 빈산소 수괴의 발생 등의 해양환경 문제로 몸살을 앓고 있다. 히우치나다 퇴적속도의 수평분포는 그림

18에 나타내었다. 해역의 중앙부보다 조금 동쪽 해역에서 0.3 $g/cm^2$년을 넘는 빠른 퇴적속도를 보인다. 퇴적속도는 여기에서 주변 해역으로 갈수록 감소하여, 동부에서 남부 연안은 0.15 $g/cm^2$년 전후의 낮은 퇴적 속도를 나타내는 해역이 넓게 분포한다. 이와 같은 퇴적속도의 분포는 히우치나다의 중앙부에서 동부에 분포하는 20m 이상의 두꺼운 충적층과 동부 연안부에서 보이는 10m 이하의 충적층의 층후 분포와도 비교적 잘 일치한다.

히우치나다 동부 해역에는 반시계 회전의 잔차 순환류가 존재하며[7], 환류의 중심부에는 물질이 축적되기 쉬워, 히우치나다의 빠른 퇴적속도는 잔차 순환류의 중심에서 나타난다. 입상물질은 주로 하천을 통해서 유입되지만, 히우치나다에 유입되는 하천의 대부분은 남부부터 동부 내륙지역의 중소 하천으로 하천의 유입량($1.6\times10^9$ $m^2$/년)도 세토내해의 다른 주요 해역에 비해 매우 낮다. 히우치나다 주변의 중소 하천에서 유입되는 입상물질은 확산되면서 잔차 순환류에 의해 수송되고, 최종적으로 잔차 순환류에 빨려 들어 퇴적한다고 볼 수 있다. 히우치나다에서 유해 플랑크톤인 *Chattonella* 적조가 발생하지만, 퇴적물 표층의 *Chattonella*의 휴면포자의 밀도분포는 적조발생 해역과 유의적인 관계가 없고, 오히려 퇴적속도의 분포경향에 유사한 결과를 보인다. 즉 유해플랑크톤은 유영력이 없어, 입상물질과 같이 수송되어 퇴적되기 때문으로 판단된다.

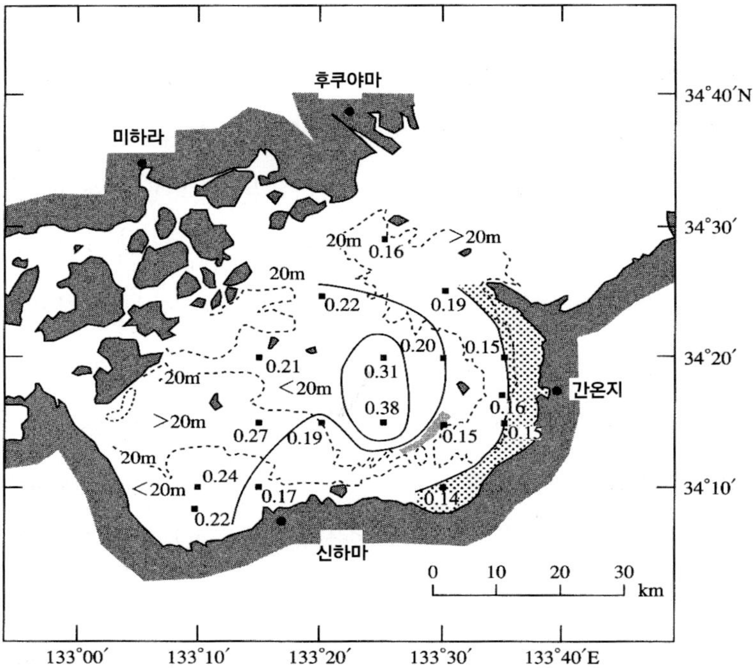


**그림 18.** 히우치나다 퇴적속도(g/cm²년)의 수평분포.

히우치나다의 연간 퇴적량은 390만 톤이며, 오사카만과 거의 같을 정도로 매우 크다. 이것은 히우치나다의 퇴적해역 면적이 넓기 때문이며, 평균 퇴적속도는 오사카만의 2/3정도인 0.20 g/cm²년이다.

라. 히로시마만

히로시마(廣島)만의 내만해역에서 서부의 배후지는 도시화가 진행되는 히로시마시(廣島市)와 세토내해 공업지대의 한 개의 축을 차지하는 이와쿠니시(岩國市)와 오타케시(大竹市)가 위치한다. 만으로 유입되는 주요 하천은 내만에 히로시마시내를 흐르는 일급 하천인 오타강(太田川)과 만서부로 유입되는 고세강(小瀨川)이다(유량 약 2.5×10$^9$ m$^3$/년과 약 0.5x10$^9$ m$^3$/년). 내만해역은 이츠쿠시마(嚴島)와 노우미시마(能美島)에 의해 만들어진 협소한 나사비세토로 만중앙부와 연결된다. 때문에 해수의 정체성이 매우 강하여 빈산소수괴나 적조가 자주 발생한다. 또 히로시마만(廣島灣)은 일본 제일 굴양식 산지로 내만에서 중앙부에 걸쳐 1만 수천대의 양식장이 배치되어 있다. 해저의 90%이상이 펄 퇴적물로서 히로시마만 전해역이 정체성이 강하다.

히로시마만의 퇴적속도의 수평분포을 보면, 내만해역인 오타강이 유입되는 해역에서 0.68 g/cm$^2$년으로 가장 높고, 그를 중심으로 0.30 g/cm$^2$년 이상의 빠른 퇴적속도를 나타내는 해역이 부채모양으로 넓게 퍼져 있다(그림 19). 내만해역 담수 유입량의 약 75%는 오타강이 차지하며[8], 오타강에서 공급되는 입상물질은 하구역을 중심으로 부채모양으로 확산되면서 퇴적되었다고 생각할 수 있다. 또, 내만해역의 해저부근에는 하구역 순환(estuary circulation)에 의해 만 중앙부에서 내만으로 흐르는 잔차류가 있어, 내만해역은 더욱 입상물질이 퇴적되기 쉬운 환경을 만든다. 한편, 0.30 g/cm$^2$년 이상의 퇴적속도는 만 중앙부에 나타난다. 만 중앙부에서 만 남부의 해역에는 반시계 방향의 환류가 있고, 환류의 중심이 만 중앙부에 위치한다. 만 중앙부에서 남부에 유입하는 담수의 약 6할은 내만에서 공급되고, 내만에서 수송된 입상물질은 만 서부의 코세강과 니시키강에서 유입되는 입상물질이 환류에 빨려 들어 퇴적되었다고 생각할 수 있다.

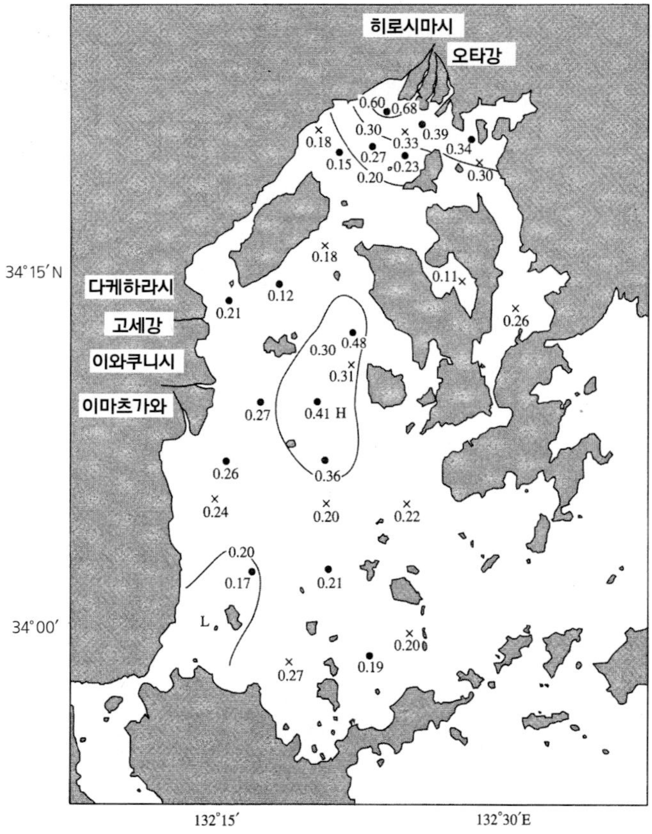


**그림 19.** 히로시마만 퇴적속도(g/cm$^2$년)의 수평분포.

히로시마만의 연간 퇴적 부하량은 260만 톤, 퇴적 해역면적으로 나눈 평균 퇴적속도는 0.30 g/cm$^2$년이다. 오사카만과 같은 방법으로, 히로시마만의 입상물질의 수지를 구했다(그림 20). 히로시마만은 연간 $23.6 \times 10^5$ t/년으로 많은 입상물질이 장마나 태풍에 의해 유입되며, 그 양은 연간 퇴적 부하량의 90%에 달한다.

오사카만이나 히로시마만과 같이 장마나 태풍에 의해 대량으로 공급되는 입상물질이 폐쇄적인 해역의 퇴적 부하량을 지배하는 현상은 하천이 유입되는 다른 폐쇄적인 해역에서도 발생하는 것으로 판단된다.

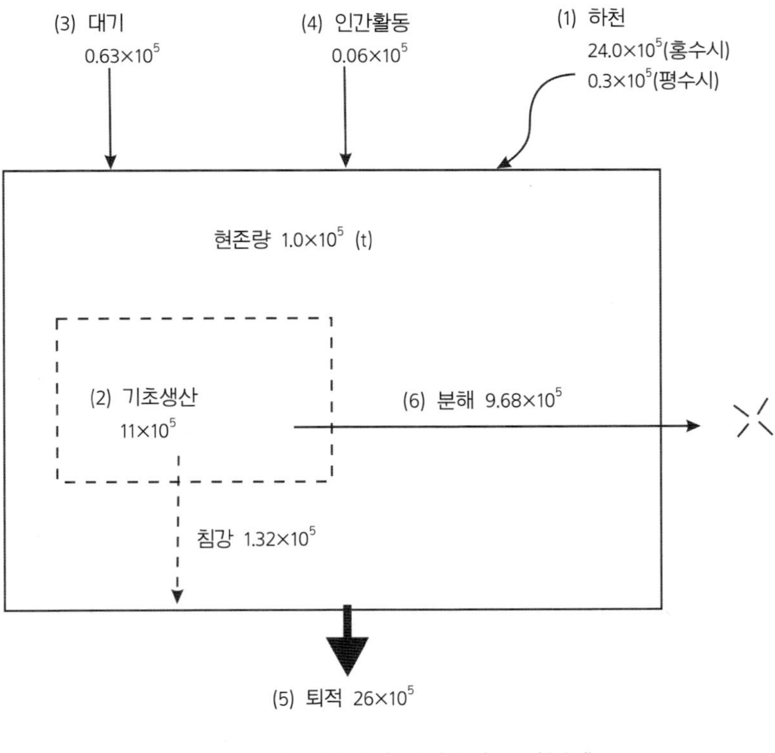


**그림 20.** 히로시마만의 입상물질 수지(t/년).

# 4. 중금속 오염

## 가. 수평분포

환경부(環境省)는 세토내해 전해역의 해저오염의 개선을 평가하기 위해, 세토내해 환경정보에 대한 기본조사(1981~1985년)와 세토내해 환경관리 기본조사(1991~1994년)를 거의 10년 간격으로 2회에 걸쳐 표층퇴적물 조사를 실시하였다(현재는 3번째의 조사 및 해석이 종료된 상태이다). 2번의 조사결과를 정리한 내용을 소개한다[9].

다섯 개 항목의 중금속 원소(카드뮴, 납, 구리, 아연 및 망간)를 대상으로 한 수평분포 경향은 1회와 2회의 조사에서 큰 차이를 나타내지 않았다. 2회 조사인 1990년대 전반 아연의 수평분포를 그림 21에 표시하였다. 망간을 제외한 카드뮴, 납 및 구리에 대해서는 아연과 거의 같은 분포 경향을 보였다. 중금속 원소의 농도는 특히 오사카만의 내만해역과 하리마나다 북부, 그리고 히로시마만의 내만해역에서 높다. 이들 해역의 배후지에는 중화학공업단지가 조성되어 있고, 인구가 집중되어 유출되는 오탁 부하량이 크며, 해저에는 펄이 분포하여 TOC, TN, TP 등의 유기물이나 영양염류의 농도도 높은 특징을 보인다. 반면 아키나다(安藝灘), 이요나다(伊豫灘), 분고수도(豊後水道) 그리고 히비키나다(響灘) 해역은 흐름이 빠르고, 모래가 넓게 분포하여 중금속 농도가 낮게 되어 있다.

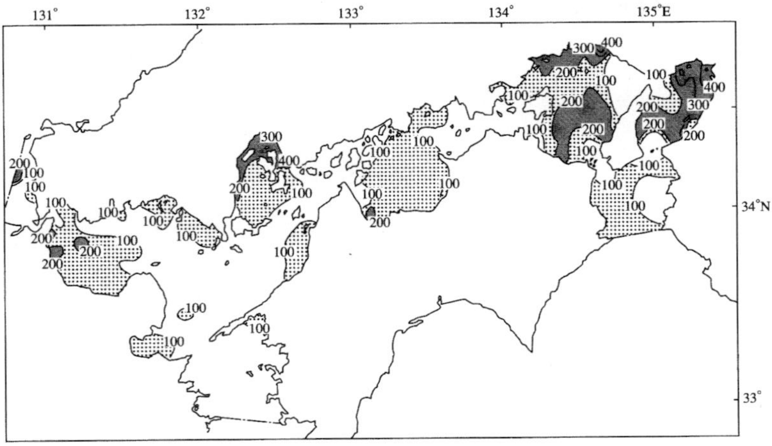

**그림 21.** 세토내해 표층퇴적물 아연농도의 수평분포 (mg/kg).

그리고 2번째의 조사에서 망간을 제외한 중금속 농도가 감소한 정점은 오사카만, 하리마나다, 빈고나다, 히우치나다, 히로시마만과 수오나다의 정점에서 많이 보이지만, 농도가 증가한 정점은 세토내해 전체에서 보면 적은 편이다(그림 22). 이와 같이 세토내해 표층퇴적물의 중금속 농도는 해역이나 중금속의 종류에 따라 증감은 있지만, 전체적으로는 감소하는 경향으로 퇴적환경은 개선되고 있음을 알 수 있다. 즉 산업 시설이나 하수처리장에서 COD 처리대책의 진전에 동반하여 중금속의 유입 부하량이 감소한 효과가 나타나는 것으로 판단된다. Hoshika et al.[10]의 1977년과 1988년 오사카만 표층퇴적물 조사결과에서도 10년 사이에 퇴적물에 포함된 유기탄소 함유량, 아연, 구리, 크롬 등의 중금속 원소농도가 감소하여, 오사카만의 퇴적환경이 전체적으로 개선되고 있음을 시사하였다.

### 나. 중금속 오염의 변천

오사카만을 둘러싸고 있는 임해부의 공업화, 도시화는 세토(瀨戶)내해의 다른 어떤 연안 해역보다 빠르게, 대규모로 진행되어 1930년대부터 만의 가장 안쪽해역에서 황화수소가 검출되는 퇴적물이 확인 되어, 오사카만의 저층 오염은 일찍부터 심각하게 인식되어 왔다. 여기에서는 퇴적물의 연대측정과 중금속원소 함유량의 연직 분포로부터 오사카만의 오염 변화에 대해 알아본다.

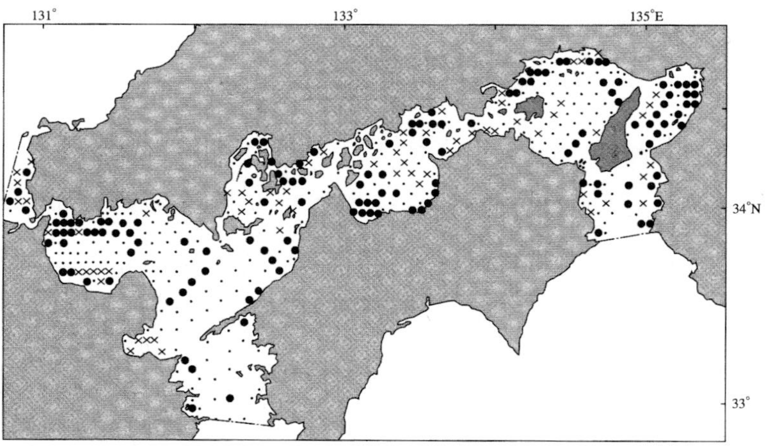


**그림 22.** 1980년대 전반과 1990년 전반 10년간 표층퇴적물의 중금속 농도변화. (● 3원소 이상이 농도 감소, ×2원소 이하이 농도 증가)

그림 23은 오사카만의 내만해역에서 채취한 5m의 주상시료에서 중금속 원소 농도의 연직분포 양상을 나타낸 것이다. 그림 오른쪽에는 $^{210}$Pb법에 의해 측정한 연대를 나타내었다. 100cm 이상의 주상퇴적물 깊이에서 구리와 아연 농도는 거의 일정하다. 100cm보다 깊은 퇴적층의 구리의 평균값은 20mg/kg, 아연은 95mg/kg이다. 퇴적물 깊이 100cm의 연대는 최소 1800년대 초기 이전으로 판단되기에 이들 평균값이 오사카만의 내만해역에서 배경농도로 생각할 수 있다. 구리 및 아연 농도는 약 80cm에서 40cm의 깊이 구간에서 급격한 증가를 보였고, 농도의 피크는 1960년대 초에 해당한다. 즉 오사카만의 내만해역에서 중금속 농도의 증가는 인간의 산업활동에 의한 오염물질에서 유래한 것이며, 20cm 깊이를 경계로 표면에서 감소하는 것은 환경규제에 의한 오염물질 유입 부하량이 감소하기 때문이다.

구리 및 아연 농도의 피크 값은 배경농도에 대해 각각 2.7 및 4.4배에 해당한다. 특히 아연은 세토내해의 다른 해역과 비교하면 현저하게 높은 값으로 오사카만 내만해역의 퇴적물은 아연오염에 노출되어 있었음을 알 수 있다. 망간의 분포도 전체적으로는 구리나 아연의 분포와 유사하지만, 표층에서 20cm 사이의 분포경향은 크게 다르다. 이는 망간이 퇴적물내의 속성작용에서 표층에 수화산화물로 농축되기 때문에 보여지는 특징적인 거동으로 잘 알려져 있다.

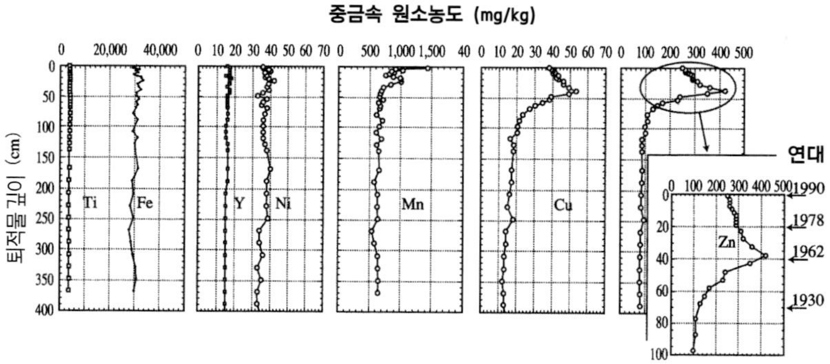


**그림 23.** 오사카만 내만해역 주상퇴적물의 중금속 농도의 연직변화 양상.

철 농도는 거의 일정하며, 값은 약 3.1%였다. 그러나 퇴적물을 화학적으로 분획처리한 분석결과에서는 철도 퇴적물의 표층에서 오염이 확인되지만, 주요 중금속 원소인 철은 원래 퇴적물에 매우 높은 농도로 존재하기에 인간 활동에서 부하되는 부분이 있더라도 연직분포에 크게 영향을 보이지 않는다. 주요 원소인 티탄, 미량 원소인 니켈이나 희귀 토양성분인 인토리움 등은 시료 전체에서 큰 농도의 변화는 없었다.

### 다. 중금속 원소 수지

폐쇄적인 내만이나 내만의 오염물질의 동태는 해역으로 유입되는 오염물질의 부하량, 해저로의 퇴적량 그리고 외해로의 유출량과 그의 수지를 명확히 하면 쉽게 이해된다. 세토내해는 고유의 해황특성을 가지는 해역으로 구분된다. 따라서 세토내해의 오염물질 수지를 해석할 경우에는 이들 각 해역을 단위로 하는 박스모델을 고려하는 것이 최적이지만, 염분에 의해 구해진 유동 혼합모델의 정도를 만족시킬 수 있는 오염물질(특히 중금속 원소)의 수질자료가 구비되어 있지 않기에, 여기서는 세토내해 전체 해역을 한 개의 박스로 한 one box 모델을 고려한다.

세토내해의 박스 모델로서 그림 24와 같은 염분 수지 모델을 생각한다[11]. 외해로부터 세토내해로 유입량을 X라고 하면, 염분수지는 $S_{in} \cdot (Q + X) = S_{out} \cdot X$로 표현된다. 따라서 유입량은 $560km^3$/년이 된다.

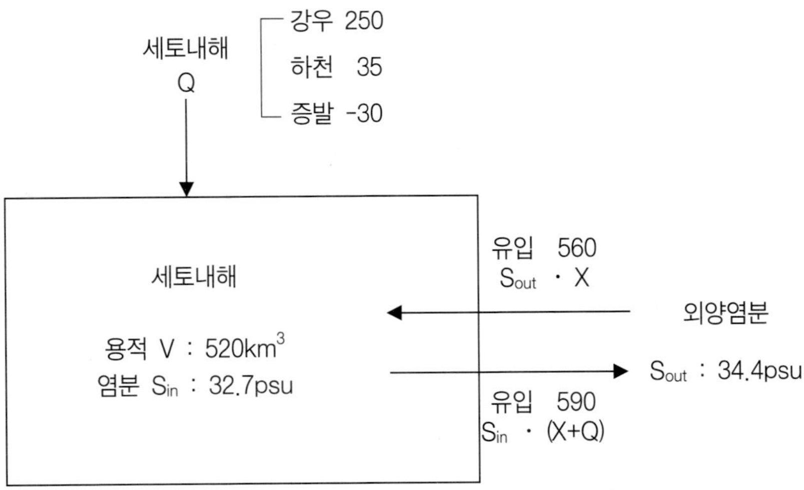


**그림 24.** 세토내해의 염분 수지($km^3$/년).

세토내해의 중금속 수지는 $L_1 + C_{out} \cdot X = L_2 + C_{in} \cdot (Q + x)$으로 나타낼 수 있다. 여기서 $L_1$은 세토내해로 유입되는 중금속의 부하량으로 하천, 강수 및 인간 활동에 의한 부하량의 합으로 표현된다. 하천 및 강수에는 인간 활동으로 인한 부하량이 포함되지 않는다. 세토내해 해수에 포함하는 구리와 아연의 평균농도인 $C_{in}$은 坪田 등[11]의 분석결과를 해수용적으로 가중 평균하여, 각 0.5μg/L와 1.3μg/L를 구하였다. $C_{out}$는 외해 해수의 농도로서 구리와 아연은 각 0.09μg/L와 0.08μg/L이다. $L_2$는 해저로 퇴적되는 중금속 원소의 부하량이다. 퇴적물의 원소농도에 퇴적속도를 곱하는 것으로 퇴적물에 축적량(퇴적 부하량)이 구해진다. 이 때 배경값에 대해서도 같은 방법의 계산에 의해, 퇴적 부하량을 인간 활동에 의한 부하량과 자연 부하량으로 나누어 계산할 수가 있다. 그 결과, 세토내해의 구리와 아연의 퇴적 부하량 중 약 50%는 인간 활동에 유래하는 것으로 평가되었다[10]. 따라서 세토내해의 내부해수의 농도 $C_{in}$에서 약 50%는 인간 활동에서 발생하는 것으로 하여, 외해 해수의 농도에서 인간 활동에 의한 비율은 0으로 가정한다.

구리와 아연에 대한 수지를 계산한 결과를 그림 25에 나타내었다. 1980년 초기 세토내해에 유입된 구리의 부하량은 870톤/년이며, 그 중에 50%가 인간 활동에 의한 것이다. 또 부하량 중 30%가 외해로 유출되고, 70%가 흡착, 침전되어 퇴적된다. 세토내해에 유입된 구리의 평균 체류시간은 세토내해의 구리 현존량 280톤을 세토내해로 유입되는 구리의 부하량 870톤으로 나누어서 계산한(280/870=0.3) 0.3년이다. 이값은 세토내해에 유입되는 담수 및 해수의 평균 체류시간 0.9년의 1/3로서, 세토내해에 유입된 구리는 단시간에 해수에서 제거되어 퇴적되는 것을 나타낸다. 여기서, 인간 활동이 전혀 없는 자연상태의 세토내해 농도를 앞에서 설명한 식을 이용해 계산이 가능하다. 구리를 예로 들면, $L_1$(인간 활동) 및 $L_2$(인간 활동)가 0이기에, $L_1$ : 420톤/년 및 $L_2$ : 320톤/년이며, $C_{out}$을 0.09μg/L로 하면 자연 상태에서 구리의 농도 $C_{in}$은 약 0.30μg/L가 된다. 이 값은 현재의 해수의 평균 농도에 3/5 수준이다.

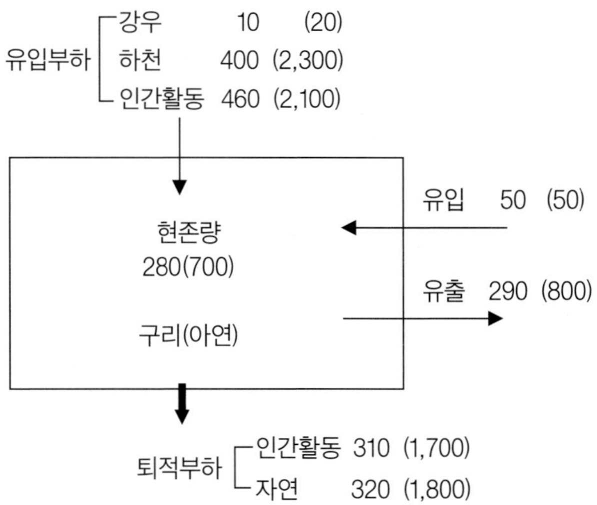


**그림 25.** 세토내해 구리와 아연의 수지(t/년).

아연에 대해서도 구리와 동일하게 생각하여, 수지 계산 결과를 그림 25에 나타내었다. 인간 활동에 의한 아연의 유입 부하량 2,100톤/년은 세토내해의 아연 부하량의 약 50%에 해당한다. 또 총 유입양의 20%가 외해로 유출되고, 80%가 흡착, 침전하여 퇴적된다. 세토내해에 유입하는 아연의 체류 시간은 700(세토내해의 아연 현존량)/4,250(세토내해로 유입하는 아연의 부하양) = 0.2년으로 구리보다 다소 짧다.

### 라. 질소와 인의 수지

세토내해는 부영양화에 의한 적조 발생이 빈번하며, 여름 빈산소 수괴의 발생은 아직도 계속 되고 있는 해역이다. 이들 생물학적 해양환경 문제의 방지 대책의 일환으로 COD 및 질소와 인의 유입 부하량 삭감이 실시되었다.

세토내해에서 질소나 인 등의 영양염류 수지에 대한 결과[12]를 간략히 소개한다. 문헌에 의하면, 그림 26과 그림 27과 같이 세토내해에서 인간 활동, 자연, 대기 기원의 총 질소(TN)와 총 인(TP)의 현존량은 각각 11.6만 톤과 0.88만 톤이다. 따라서 인간 활동, 자연 및 대기 기원인 TN의 세토내해에서 평균 체류시간은 8.9개월, TP의 평균 체류시간은 9.2개월 되어, 동시에 해석된 하천수의 평균 체류 시간 7.7개월과 유사하였다. 이는 세토내해에 유입된 TN, TP는 세토내해에서 거의 보존적[9])으로 거동 하는 것을 의미한다. 또, 해면에서 대기로 방출되는 TN은 작다. TN과 TP의 유입 부하량에 대한 퇴적 부하량의 비율은 각각 16%와 33%로 구리나 아연 등 중금속에 비해 매우 작다. 이와 같은 결과는 구리나 아연은

9) 해역으로 유입된 물질이 해역의 환경이나 생물작용에 지배되지 않고 유입시킨 물질과 같이 거동하고 있음을 나타내는 것

입상물질 등에 흡착하여, 입상물질의 형태로 거동하는 것에 반해, TP나 TN은 생물을 매개로 하여 존재 형태를 변화하게 되지만, 외형적으로는 보존적인 거동, 즉 담수의 거동과 일치하기 때문에 발생하는 현상이다.

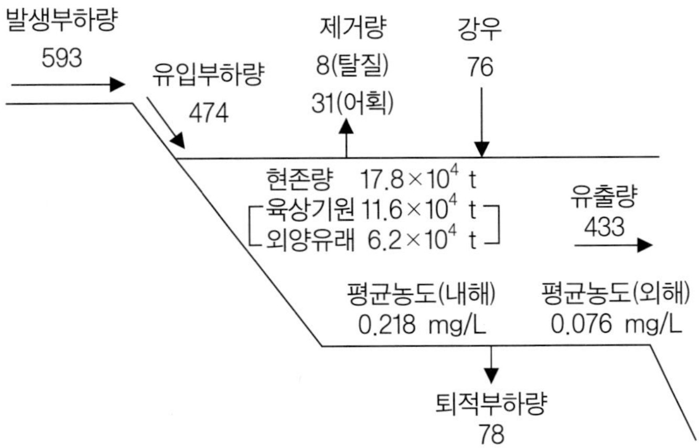


**그림 26.** 세토내해에서 총 질소의 수지(t/일). (柳[12] 수정)

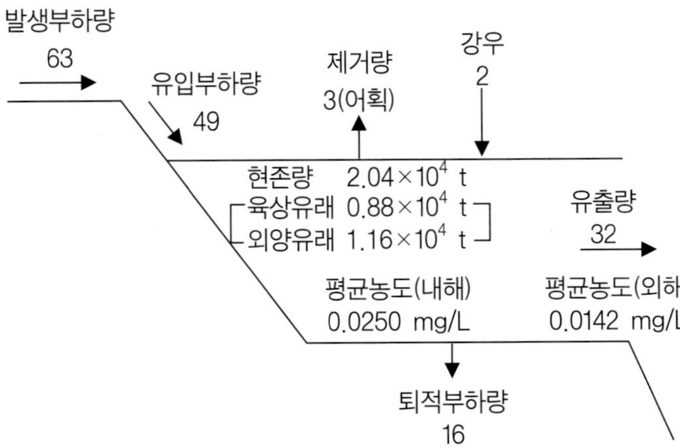


**그림 27.** 세토내해에서 총 인의 수지(t/일). (柳[12] 수정]

질소와 인에 대하여 여름 적조와 빈산소 수괴의 발생을 차단하고, 이전의 풍요로운 어업활동이 가능한 세토내해를 되찾기 위해서 永井[13]는 세토내해에서 해역별로 바람직한 TN, TP 농도를 제안하고 있다. 이 값을 세토내해 전역에서 가중평균 하면, 바람직한 세토내해 전역의 TN, TP 평균 농도는 각각 0.192 mg/L, 0.022 mg/L가 된다. 柳[12]는 이 농도를 실현하기 위해서 태평양의 TN, TP 농도가 변화하지 않는다고 가정하면, 세도내해로 유입되는 연안부의 TN, TP의 부하량을 각각 현재의 18%, 27% 정도 삭감할 필요가 있는 것으로 평가하였다. 그러나 부하량의 저감은 산업배수의 처리에 중점을 두고 시행한다면, 세토내해의 TN과 TP의 부하량 삭감은 충분히 실현 가능한 것으로 지적하였다.

## 참고문헌

[1] Hoshika, A. and T. Shiozawa, 1987. J. Earth Sci. Nagoya Univ., 35, 203-225.

[2] 大嶋和雄, 1980. 海峡地形に記された海水準変動の記録, 第四紀研究, 19, 23-37.

[3] 井内美郎, 1982. 地質学雑誌, 88, 665-681.

[4] 星加章, 谷本照巳, 三島康史, 1994. 海の研究, 3, 419-425.

[5] 中辻啓二, 山本信弘, 山見晴三, 室田明, 1991. 海岸工学論文集, 38, 186-190.

[6] 湯浅一郎, 2000. 中国工業技術研究所報告, 19, 80-101.

[7] 柳哲雄, 樋口明生, 1979. 沿岸海洋研究ノート, 20, 12-18.

[8] 木村知博, 1975. 水産增殖, 22, 110-119.

[9] 駒井幸雄, 古武家善成, 清木徹, 永淵修, 村上和仁, 小山武信, 蛎灰谷喬, 1998. 水環境学会誌, 21, 743-750.

[10] Hoshika, A., T. Shiozawa, K. Kawana and T. Tanimoto, 1991. Mar. Poll. Bull., 23, 101-105.

[11] 坪田博行, 早瀬光司, 児玉哲夫, 越水孝, 1984. 文部省特別研究 · 環境科学報告書, 3, 17-28.

[12] 柳哲雄, 1997. 海の研究, 16, 157-161.

[13] 永井達樹, 1996. 瀬戸内海の生物資源と環境 -その将来のために-, 岡市友利, 小森星児, 中西弘(編), 恒星社厚生閣, 83-108.

(星加章, Hoshika Akira)

제4장

# 세토내해의 해저퇴적물 수송

앞쪽사진 다도해 풍경 : 세도내해는 내부에는 수백 개의 크고 작은 섬이 분포하여 아름다운 절경을 나타내고 있어, 매년 많은 관광객이 탐방하는 해역이다. 사진은 세토내해는 아니지만 육지에서 조망한 우리나라 진주만 내만해역의 모습으로 매우 아름다운 모습을 보여준다. 내만해역은 이와 같은 풍경 이외에 온화하면서 높은 생물생산을 나타내어 언제라도 우리에게 풍요로운 수산생물을 제공하는 자연의 선물이라 할 수 있다.

# 1. 세토내해 전해역에서 해저퇴적물의 수송

## 가. 서언

세토(瀨戶)내해와 같은 폐쇄성 해역에서 해수에 의해 수송되는 대부분의 오염물질과 유기물질은 해저로 침강되어 해저에 퇴적된다. 해저에 퇴적된 물질은 한 장소에 계속 머물러 있지 않고 흐름에 의해 이동한다[1]. 따라서 연안해역의 환경을 보존하기 위해서는 해수 중의 용존 및 입상물질의 수송 방향, 속도뿐만 아니라 표층퇴적물의 수송방향과 속도도 파악되어야 한다. 그러나 지금까지 세토내해의 표층퇴적물이 어느 방향으로 어느 정도의 속도로 이동하는가에 대해서는 명확하게 조사한 결과는 없었다.

본 절에서는 세토내해 전해역에서 채취된 표층퇴적물의 중앙입경, 분급도, 왜도 자료를 이용해서 표층퇴적물의 수송방향을 추정하고, 그 결과를 세토내해의 해수유동 수치모델로부터 계산한 조석주기평균 해저면의 전단응력 방향과 비교함으로써 표층퇴적물의 수송방향과 그것을 결정 짓는 주요 인자를 밝히고자 하였다.

## 나. 자료의 이용

통산성산하 중국공업기술시험소(현재는 산업기술종합연구소 중국센터)는 1979년부터 1982년까지 세토내해 전체 해역을 약 10km격자로 분할하여 총 250 정점에서 표층퇴적물을 채취하였다(그림 28). 채집된 표본에서 얻어진 중앙입경($Md_{\phi}$), 왜도(Sk), 분급도(So)의

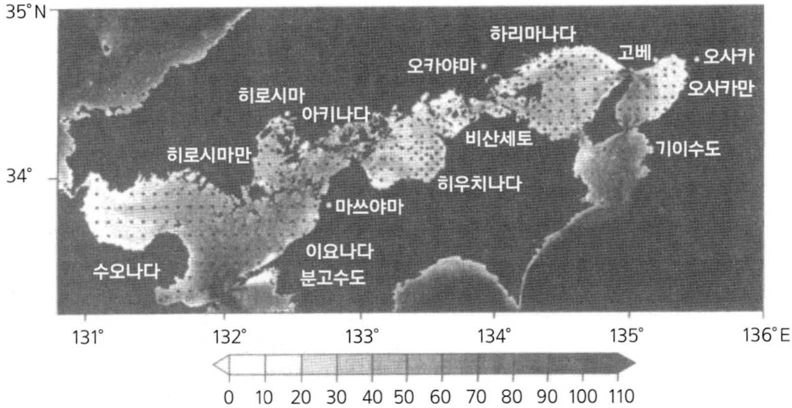


**그림 28.** 세토내해의 표층퇴적물 채집 정점 (수심: m).

수평분포를 그림 29에 나타내었다[2].

중앙입경(median)은 누적 중량의 50%에 상당하는 입자의 직경 d mm 를 $d=(1/2)_{\phi}$로 표현한 것으로 $Md_{\phi}$ 값이 클수록 중앙입경이 세립한 입도에 가까운 정도를 나타낸다.

$$Md_{\phi} = \phi_{50} = -\log_2 d_{50\%} \tag{1}$$

왜도(skewness)는 입도 분포의 치우침 정도를 나타내는 것으로, 다음의 식으로 표현된다. 결과의 해석은 Sk = 0은 입경분포가 좌우대칭, Sk 〉 0은 입도 분포가 세립한 입자로 치우친 것, Sk 〈 0은 조립한 입자로 치우친 것을 나타낸다.

$$Sk = \frac{\phi_{84} + \phi_{16} - 2\phi_{50}}{2(\phi_{84} - \phi_{16})} = \frac{\phi_{95} + \phi_{5} - 2\phi_{50}}{2(\phi_{95} - \phi_{5})} \tag{2}$$

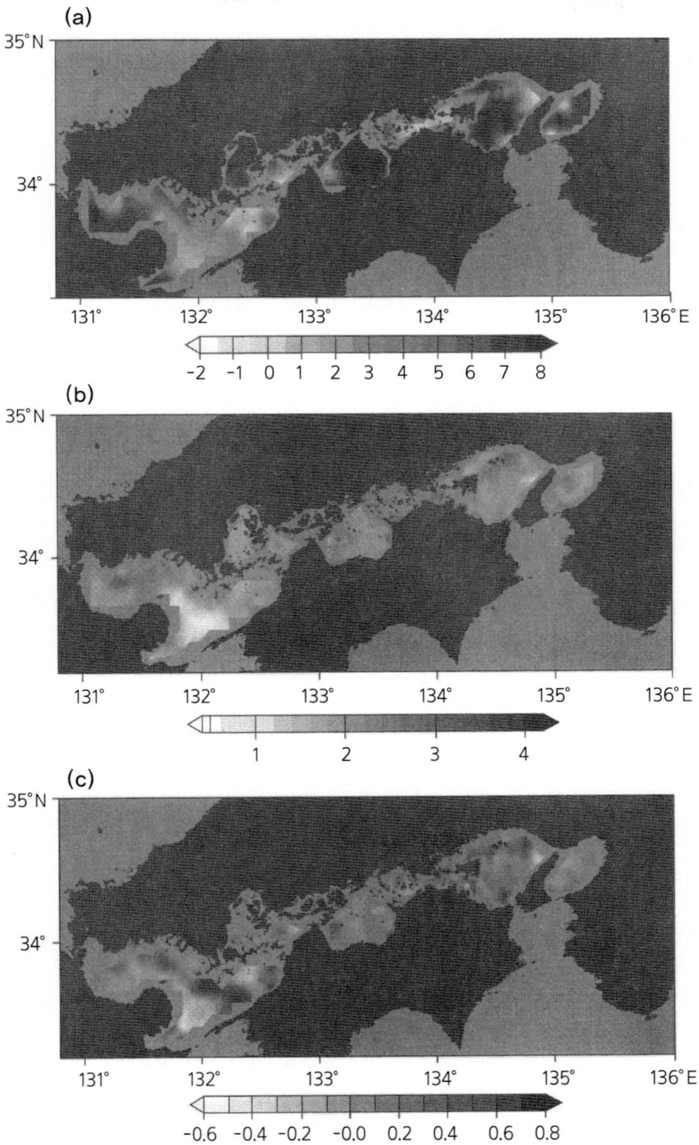


**그림 29.** 세토내해 표층퇴적물의 입도 분포.
(a) 중앙입경, (b) 분급도, (c) 왜도

분급도(sorting)는 입자의 균일성(均一性)을 나타내는 것으로, 다음 식으로 표현된다. *So* 〉 1.0 이면 분급도가 나쁜 펄, *So* 〈 0.5 이면 분급도가 좋은 펄을 나타낸다[3].

$$So = \frac{\phi_{84} - \phi_{16}}{4} = \frac{\phi_{95} - \phi_{5}}{6.5} \tag{3}$$

분석 결과, 중앙 입경은 조류가 빠른 해협부근에서 크고($Md_{\phi}$ 값이 작은 모래), 조류가 약한 만 중앙부에서 작다($Md_{\phi}$ 값이 큰 실트) (그림 29(a)). 분급도는 조류가 빠른 해협부근에서 좋고(So 값이 작음), 조류가 약한 만 중앙부에서 나쁘다 (So 값이 큼) (그림 29(b)). 왜도에 의한 입도 분포는 해협부근에서 조립한 입자(Sk 〈 0), 만 중앙부에서 세립한 입자로 구성되어 있음을 알 수 있다(Sk 〉 0) (그림 29(c)).

### 다. 해석방법

세토내해 표층퇴적물의 이동방향을 추정하기 위하여 Gao and Collins [4]의 방법을 사용하였다. 이들은 표층퇴적물 수송에는 다음의 2가지 경향을 나타내는 것으로 설명한다. 첫째는 표층퇴적물이 수송에 따라 분급도가 좋아지고, 중앙 입경이 커지는 경우이다. 이 때에는 왜도가 작아져서 조립한 입도로 분포가 치우치게 된다. 저자들의 해석에 의하면, 유속이 점차 약해져 조립한 입자의 수송량이 감소하게 되어, 조립한 입자가 남게 된다. 두 번째는 표층퇴적물이 수송됨에 따라 분급도가 좋아지고 중앙 입경이 작아지는 경우이다. 이 때에는 왜도가 커져서 세립한 입도로 분포가 치우친다. 저자들의 해석에 의하면, 유속이 점차 증가하여 조립한 입자의 수송량이 증가되어, 상대적으로 세립한 입자가 남게 된다.

그림 28의 대부분 표본채집 정점에서 서로 인접한 2정점 사이의(약 10km)의 표층퇴적물 시료에 대해 중앙입경, 왜도 및 분급도의 상호관계를 해석하여, 앞에서 설명했던 어느 한부분이라도 관계가 있을 때, 표층퇴적물 수송의 화살표로 나타내었다. Gao and Collins[4] 방법은 정점이 불균일하게 분포할 경우나 연안인근의 정점에 대해서는 수송벡터를 평균하는 것에 문제가 있다는 지적이 있기에[5][6], 벡터의 평균 처리를 하지 않고, 관계가 성립한 정점 사이는 모두 화살표로 나타내었다. 이때 인접한 2정점 사이에서 중앙입경이 커지는 첫 번째의 경우에는 굵은 흑색 화살표, 중앙입경이 작아지는 두 번째의 경우에는 굵은 백색 화살표로 표시하였다. 또 하나의 정점을 건너 뛴 두 개의 정점 사이(20km)에 대해서도 같은 처리를 실시 하여, 같은 방법으로 가는 흑색 화살표와 가는 백색 화살표로 표시하였다. 화살표가 없는 정점은 인접한 2개 정점 사이에서 앞에서 설명한 두 가지 중 어느 관계도 성립하지 않은 것으로 표층퇴적물 수송 방향을 나타낼 수 없었던 정점을 나타낸다.

### 라. 결과

계산에 의해 추정되는 세토내해 표층퇴적물의 수송방향을 그림 30에 나타내었다. 그림에서 세토내해 표층퇴적물의 수송은 다소 복잡한 양상을 보인다. 이와 같은 결과는 세토내해의 표층퇴적물 수송에는 Gao and Collins[4]가 가정하였던 소류(掃流, bedload transport)10)에 의한 수송 이외에, 입상 물질이나 비상과 같은 복합적인 수송형태를 나타내는 것으로 보이나, 현재로서는 명확히 알 수 없다.

그림 30의 결과에서 표층퇴적물은 평균적으로 세토내해 동부에서 서쪽 방향(그림 30(a))으로, 서부에서는 동쪽방향(그림 30(b))으로 수송되는 것을 알 수 있다. 그림 30만으로 Gao and Collins[4]의 두 가지 수송형태 특성을 상세하게 파악할 수는 없었다.

### 마. 조류와 잔차류의 수치모델

세토내해 해수유동의 계절변동을 파악하기 위해 조석과 바람응력, 하천유입, 해면의 열・염수지 등과 같은 외력에 의해 구동되는 3차원 수치모델을 개발하였다. 최초로 개발된 조석 및 조류모델이 관측값을 잘 재현하고 있는 것을 이미 확인되었다[7]. 또 매월 관측된 수온과 염분을 토대로 진단모델에 의해 계산된 월별 잔차류(조석 잔차류+밀도류)가 관측된 잔차류를 거의 재현하고 있는 것도 확인되었다[8].

10) 유로(流路)의 바닥면을 따라 모래나 돌이 운반되는 현상

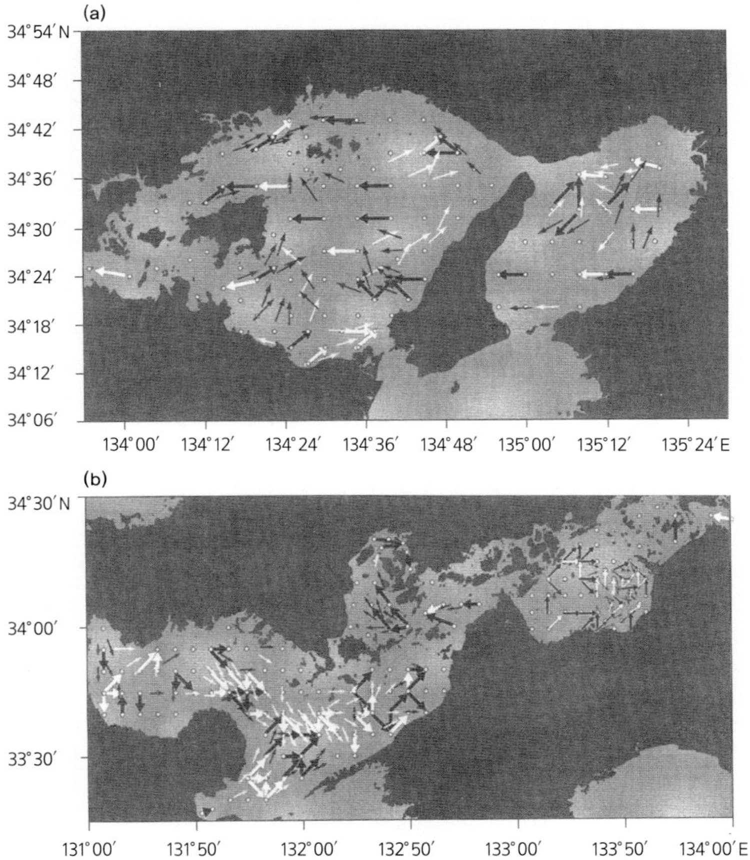


**그림 30.** 세토내해 동부(a) 및 서부(b)의 표층 퇴적물 수송 방향
흰색 화살표는 표층퇴적물 입도가 세립화되는 수송,
검은색 화살표는 입도가 조립화 되는 수송을 나타낸다.

계산에서 구해진 세토내해의 5~8월 평균 표층 잔차류를 그림 31(a)(c)에 나타내었다. 이 그림을 여름에 동일 해역에서 관측한 잔차류(그림 31(b)(d))와 비교하면, 이 두 개의 잔차류 결과가 잘

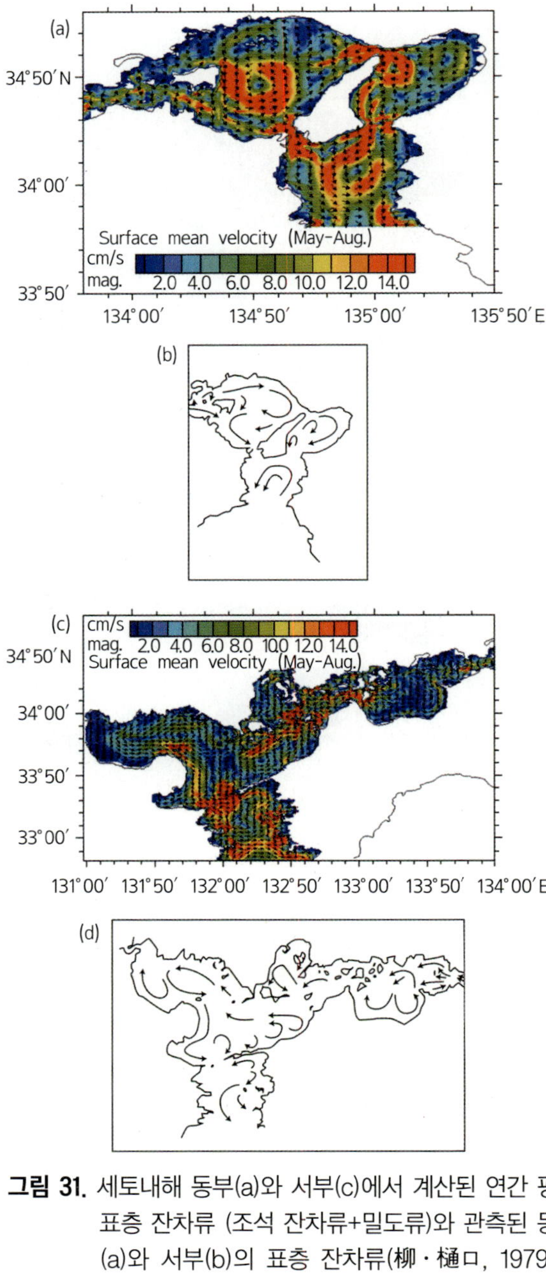


**그림 31.** 세토내해 동부(a)와 서부(c)에서 계산된 연간 평균 표층 잔차류 (조석 잔차류+밀도류)와 관측된 동부 (a)와 서부(b)의 표층 잔차류(柳・樋ㅁ, 1979).

일치하고 있음을 알 수 있다. 즉 기이수도(紀伊水道)의 반시계방향 순환류, 오사카(大阪灣)만 북부의 시계방향 순환류, 하리마나다(播磨灘)의 반시계방향 순환류, 남부의 시계방향 순환류, 히우치나다(燧灘) 동부의 반시계방향 순환류, 히로시마만 남부의 반시계방향 순환류, 수오나다(周防灘) 동부의 반시계방향 순환류, 분고수도(豊後水道) 남부의 반시계방향 순환류 등이 계산과 관측에서 잘 일치한다.

이상의 결과로부터 세토내해 전체 해역의 연평균 해저면에서 잔차류(그림 32(a)(b))가 실제 잔차류(관측값은 없음)를 잘 재현한 것으로 볼 수 있다. 기이수도, 오사카만의 해저면상 잔차류는 평균적으로 북향류가 나타나며, 이요나다(伊豫灘), 히우치나다의 해저면에서 잔차류는 평균적으로 동향류이다. 이와 같은 결과는 해저면상의 잔차류가 주로 밀도류에 의한 것임을 나타낸다.

세토내해의 밀도류는 기이수도와 분고수도의 하층에서 세토내해로 유입되어 비산세토(備讃瀨戸)에서 만나 상승류를 형성하며, 표층에서는 비산세토에서 기이수도와 분고수도로 향하여 발산하는 흐름을 나타낸다.

### 바. 조석주기 평균해저 전단응력

표층퇴적물의 수송방향을 결정하는 조석주기 평균 전단응력벡터($\tau_b$)는 계산된($M_2$+$M_4$) 조류와 그림 33(a)(b)에 도시한 연평균 해저면 잔차류에서 다음 식으로 계산할 수 있다.

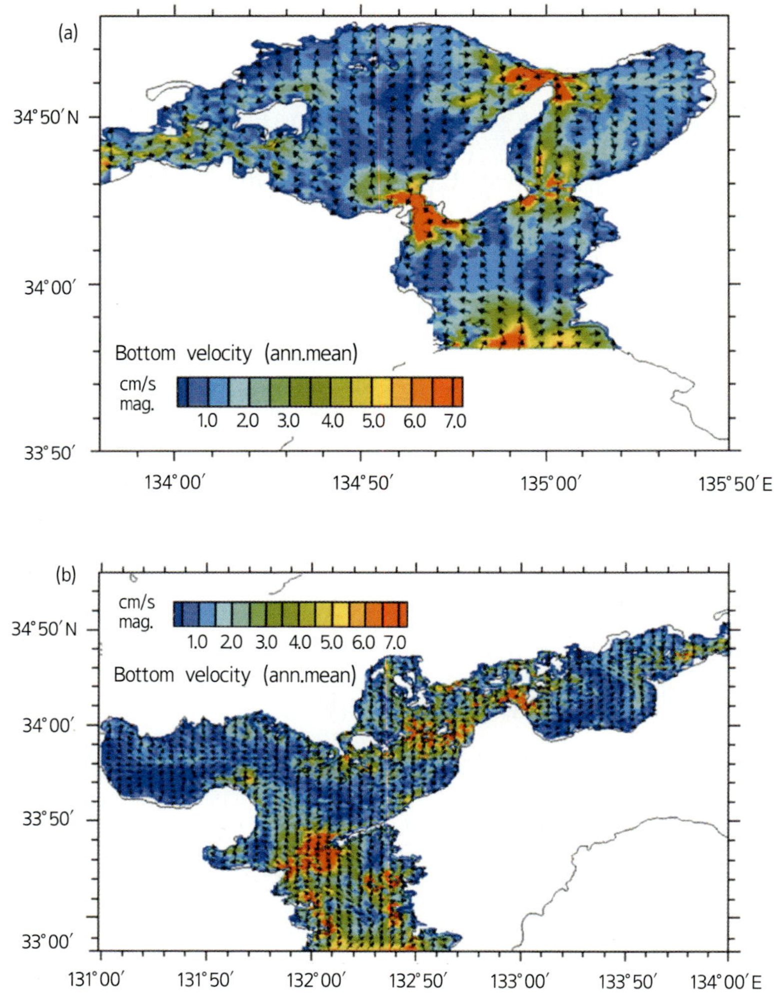


**그림 32.** 세토내해 동부(a)와 서부(c)에서 계산된 연간 평균 저층 잔차류(조석 잔차류+밀도류).

$$\tau_b = \rho_w C_D \frac{1}{T} \int_0^T u \sqrt{u^2}\, dt \qquad (4)$$

$$u = u_{M_2 + M_4} + u_r$$

여기에서 $\rho_w$는 해수밀도(=1.022kg/m$^3$), $C_D$는 해저마찰 계수(=0.0024), T는 조석주기(=12시간 25분), $u_{M_2 + M_4}$는 조류벡터, 그리고 $u_r$은 잔차류 벡터를 나타낸다. 구해진 계산 결과, $\tau_b$ 방향은 잔차류 방향과 거의 일치한다(그림 33(a)(b)). 그림 30(a)(b)와 그림 33(a)(b)을 비교하면 해저면 전단응력 벡터방향과 표층퇴적물 수송 방향은 오사카만의 북동부, 수오나다 동부를 제외하면 대부분 일치한다. 이와 같은 결과는 해저면의 밀도류가 세토내해 전해역의 표층퇴적물 수송에 매우 큰 역할을 하고 있음을 나타낸다. 이유는 해저면의 잔차류 주성분은 밀도류이기 때문이다.

### 사. 결론

이상 세토내해의 표층퇴적물은 해저면에 탁월한 밀도류, 즉 잔차류에 의해 연간 평균으로 볼 때 동부해역에서는 서쪽으로, 서부해역에서는 동쪽 방향으로 수송되고 있음이 명확해졌다. 앞으로 보다 진보된 연구추진에 의해 표층퇴적물의 수송방향은 물론, 퇴적물의 수송속도를 명확히 하는 것이 중요하다.

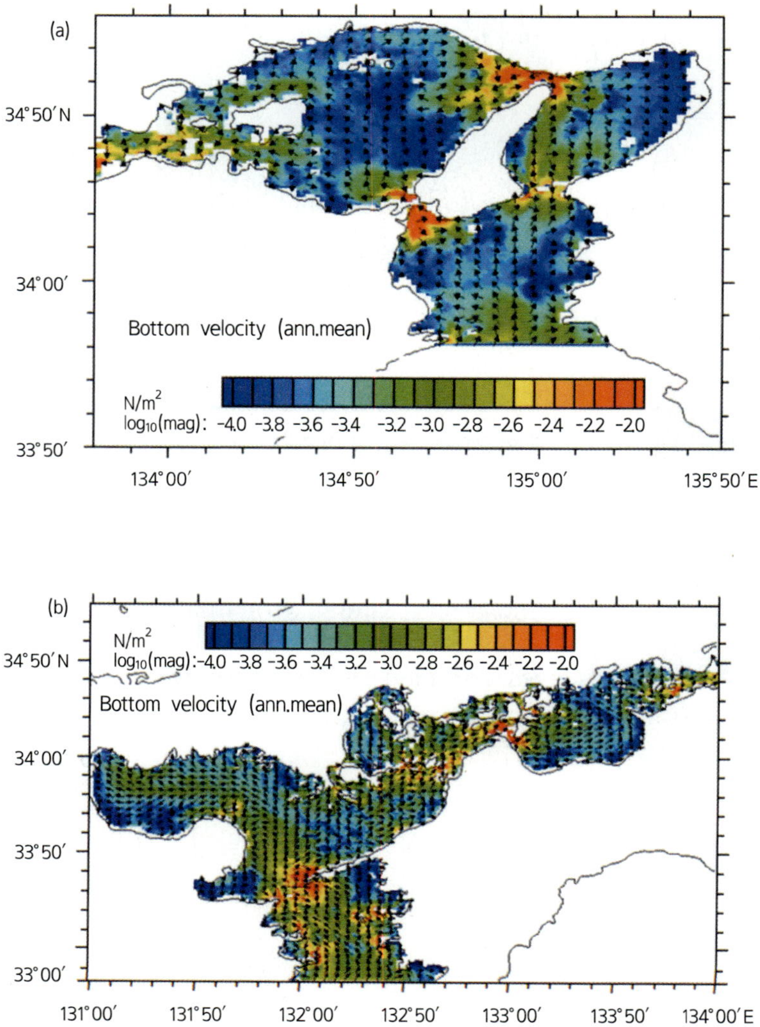


**그림 33.** 세토내해 동부(a)와 서부(c)의 조석주기 평균 해저면 전단응력.

## 2. 오사카만 표층퇴적물의 수송변화

### 가. 서론

앞 절에서 1979-1982년 세토내해 전해역에 대한 표층퇴적물 표본의 분석결과를 기초로 표층퇴적물의 수송방향을 살펴보았다. 그러나 표층퇴적물의 수송방향은 해저면 유동에 의해 지배되고 있기에, 해저면 유동이 변하면, 수송 방향도 변한다. 본 절에서는 인위적 개발행위에 의해 지형이 크게 변한 오사카만을 예로 표층퇴적물의 수송방향에 대한 경시적 변화를 알아본다.

오사카만은 1973년 세토내해 환경보존 특별조치법(세토내해에서 매립을 원칙적으로 금지하고 있음) 시행 이후, 1987년 간사이국제공항(511ha)을 비롯하여 폐기물 최종 처리장용 매립지를 포함하여 5,400ha의 해면에서 매립이 추진되었고, 1998년에는 아카시(明石) 해협의 대교까지 관통되는 등 대규모 개발사업이 계속되고 있다. 이와 같은 대규모 개발에 의해 오사카만의 해수유동 양상이 변화하게 되고, 그 결과로 만내의 물질수송이나 수질 및 퇴적환경이 변화되는 것으로 판단할 수 있다.

오사카 및 고베(神戸)에서 관측된 $M_2$ 조석 진폭은 1960년대 전반에서 1990년대에 걸쳐 약 2.0cm 감소한 것[11]으로 알려지고 있지만, 이에 따른 오사카만의 유속, 수질 및 퇴적물 분포가 어떻게 변화하고 있는지에 대해 명확하게 알려진 내용은 없다.

본 절의 목적은 간사이(關西)국제공항과 아카시(明石)대교 건설 이전인 1982년 8월과 완공 이후인 2003년 10월의 오사카만 표층퇴적물의 분포와 표층퇴적물 수송방향의 변화를 파악하는 것으로 1982년 27개 정점과 2003년 28개 정점에서 채취된 표층퇴적물의 중앙입경, 왜도, 분급도를 분석하였다.

### 나. 표층퇴적물 조사

1979-1982년에 세토내해 전해역을 대상으로 10km 간격의 망목 모양으로 SM(Smith-Mclntyre) 채니기(grab)로 채집한 표층퇴적물 시료에서 1982년 8월 오사카만의 27개 정점(그림 34(a))에서 채취된 시료에 대해서 중앙입경, 왜도, 분급도를 분석하여, 그림 35에 수평분포를 나타내었다.

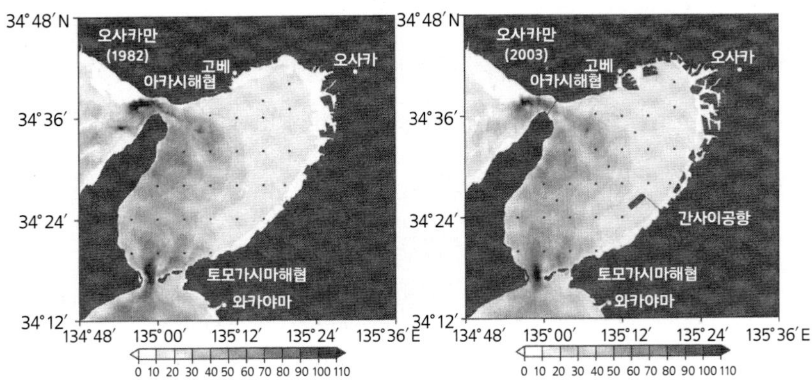


**그림 34.** 오사카만에서 1982년(a)과 2003년(b) 표층퇴적물 채집 정점 범례의 숫자는 수심으로 m 단위로 나타낸 것이다.

谷本 등[2]의 조사 이후 매립이나 대교건설 등의 대규모 개발이 진행된 오사카만의 연안개발에 의해 발생한 표층퇴적물 분포와 수송 방향의 변화 유무를 파악하기 위해서 1982년 조사정점과 동일한 조사정점을 포함하는 28개 정점(그림 34(b))에서 표층퇴적물을 채집하였다. 같은 계절인 2003년 10월에 SM 채니기를 이용하여 표층퇴적물을 채취하고 중앙입경, 왜도, 분급도를 구하였다. 그리고 분석한 결과는 그림 35에 수평분포를 나타내었다. 각 분석 항목에 대해 2003년과 1982년의 차이를 계산하여 그림 36에 나타내었다.

다. 결과 및 토의

1) 저질분포

1982년 중앙 입경 분포에서 아카시해협과 토모가시마(友ヶ島) 수도 등 해협부에서는 조립한 입도($Md_\phi$≒2)를 보이는 반면, 오사카만의 내만해역에서 세립한 입도($Md_\phi$≒8)가 분포하였다. 토모가시마수도 부근에는 $Md_\phi < 0$ 인 자갈도 존재하고 있었다(그림 35(a)). 왜도는 아카시해협에서 오사카만 중앙부에 걸쳐 -0.1～0.1 값을 보여, 중앙 입경에 대칭인 입도 분포를 하지만, 토모가시마수도에서 만 동부와 만 입구에 걸쳐서는 Sk=0.2～0.5 범위로 세립한 입자의 입도 분포가 편중되어 있다(그림 35(b)). 분급도는 오사카만 내만해역에서 만 동부 및 중앙부의 남부에서 So 〈 2 로 분급도가 좋은 표층퇴적물이 분포하지만, 기타의 해역에서는 2 〈 So 〈 3으

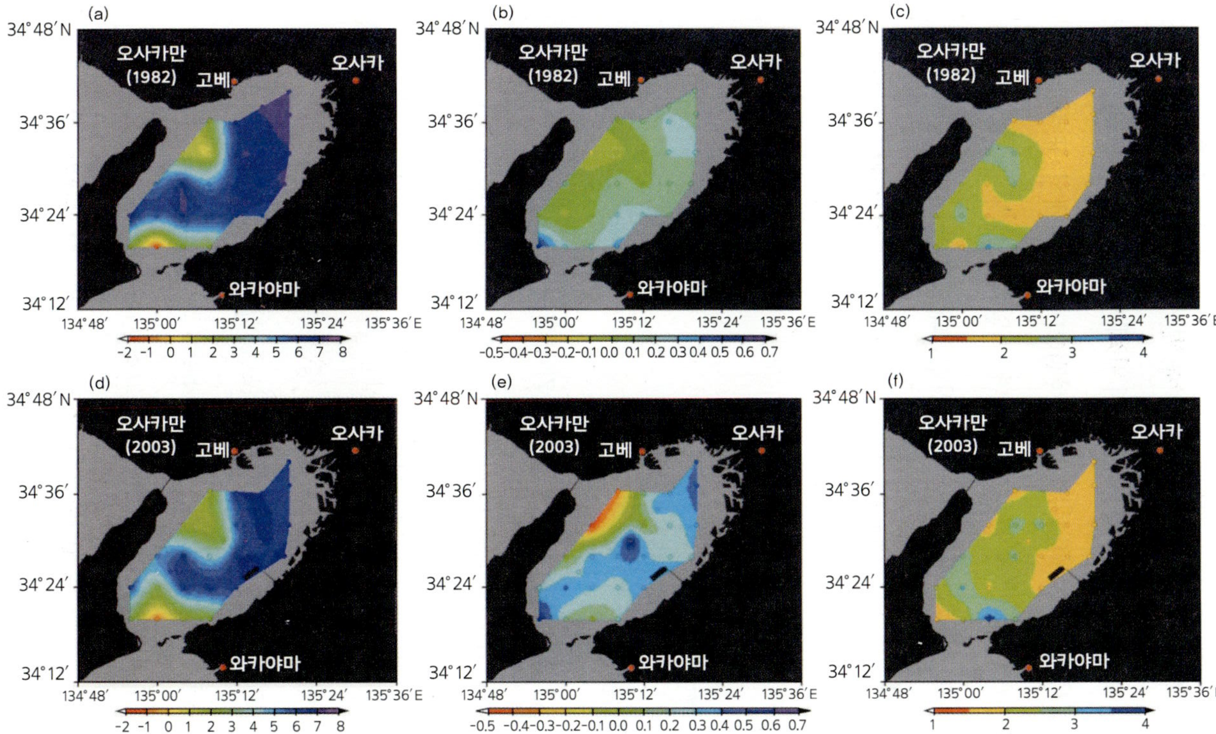


**그림 35.** 1982년과 2003년 오사카만 표층퇴적물의 중앙입경(a,d), 왜도(b,e), 분급도(c,f) (a,b,c, 1982년; d,e,f; 2003년) 분포.

로 분급도가 비교적 나쁜 표층퇴적물이 분포하였다(그림 35(c)).

2003년의 중앙 입경(Md$_\phi$) 분포는 1982년과 크게 변화되지 않고 유사한 경향을 나타내었다(그림 35(d)). Md$_\phi$ 의 절대값에서 보이는 차이(그림 36(a))에 대해서는 나중에 설명한다. 그러나 2003년 왜도의 분포는 1982년과 비교하여 아카시해협 부근에서 Sk = -0.5으로 입도 분포가 조립한 입도로 치우쳐 있으며, 내만해역, 만의 중앙부 및 만의 남서부에서는 Sk = 0.4~0.5 범위로 입경 분포가 세립화 입도로 편중되어 있어, 개발이전 보다 입경 분포의 편차가 크게 나타났다(그림 35(e)). 분급도는 내만해역에서 만의 동부 및 중앙부 남쪽에서 So 〈 2 범위의 영역으로 면적이 적어지고, 토모가시마수도 부근에서는 So = 4.0으로 전체적인 분급도가 악화되었다(그림 35(f)).

분석한 중앙입경, 왜도, 분급도에 대하여 2003년의 측정값에서 1982년의 측정값을 뺀, 변동 값의 수평분포를 그림 36에 나타내었다. 중앙 입경의 변화는 오사카만의 중앙부에서 음(-), 토모가시마수도 인근해역에서 양(+)의 값으로 나타내어, 해수유동의 약한 오사카만 중앙부에서 중앙 입경이 조립화가 진행된 것에 반해, 토모가시마수도 인근의 해협부 해역에서 중앙 입경이 세립화가 진행된 것으로 나타났다. 왜도의 변화는 만 중앙부에서 양(세립화로 입도분포가 변함), 토모가시마수도 인근해역에서 음(조립화로 입도분포가 변함)으로 나타났다. 그리고 분급도의 변화는 대부분 해역에서 양의 값을 보여, 분급도가 더욱 악화된 것으로 나타났다.

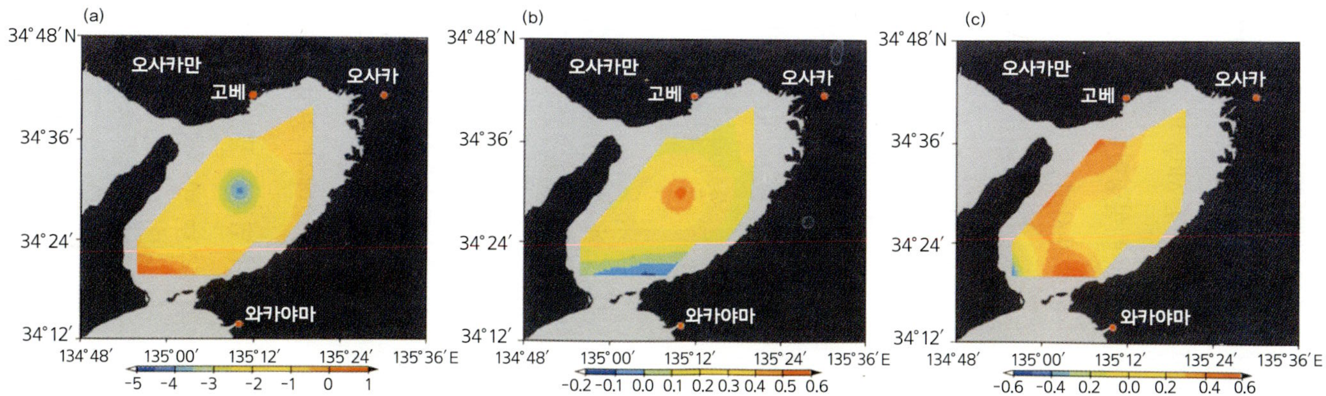


**그림 36.** 1982년과 2003년 오사카만 표층퇴적물의 중앙입경(a), 왜도(b), 분급도(c)의 차이.

이와 같은 변화는 오사카만의 주변부에서 이루어진 대규모 개발사업에 의해 오사카만의 중앙부에서 유속은 빨라져서 중앙 입경이 조립화를 진행시키고 있는 것에 반하여, 토모가시마수도 인근해역인 협수로는 개발에 의해 유속이 감소하여 중앙 입경이 세립화가 진행되고 있음을 나타내는 것으로 평가되었다. 계속하여 분급도가 악화되는 결과는 오사카만 표층퇴적물 입도분포의 변화가 계속 지속되고 있음을 나타내는 것이라 할 수 있다.

## 2) 표층퇴적물 수송방향

앞에서 설명하였던 Gao and Collins[4] 방법에 의해 표층퇴적물의 수송방향을 추정하기 위하여 다음과 같은 2가지 경우에 대한 수송벡터를 나타내었다. 1) 표층퇴적물이 수송에 따라 분급도가 좋아지고 중앙 입경이 커진 경우로 왜도가 작아지고 조립한 입도로 분포가 치우친다. 2) 표층퇴적물이 수송에 따라 분급도가 좋아지고 중앙 입경이 작아지는 경우로 왜도가 커지고 세립한 입도로 분포가 치우친다.

그림 34에 표시한 모든 관측 정점에서 인접한 2 정점 사이(약 10km)의 표층퇴적물 시료의 분급도, 중앙입경, 왜도의 상호관계를 해석하여, 앞에서 설명한 관계가 성립할 때에 표층퇴적물 수송을 화살표로 표기하였다. 인접하는 두 개 정점 사이에서 중앙 입경이 커지는 변화는 굵은 흑색 화살표, 중앙입경이 작아지는 변화는 굵은 백색 화살표로 나타내었다. 그리고 하나의 정점을 건너

뛴 두 개 정점 사이(약 20km)에 대해서도 동일한 계산과 해석을 하여, 관계가 있는 경우에는 가는 흑색과 가는 백색 화살표로 표시하였다. 화살표가 없는 정점은 인접하는 두 개 정점 또는 한 개 정점을 뛰어 넘은 두 개 정점 사이에서 어떠한 변화도 없는 경우로 표층퇴적물의 수송 방향은 결정되지 않는다.

1982년 표층퇴적물의 수송방향을 그림 37(a)에 나타내었다. 반대방향으로 향하는 화살표도 있으나, 평균적으로 표층퇴적물은 오사카만의 중앙부 동쪽에서 북상하며, 내만해역에서는 해안선을 따라서 서쪽방향으로 진로를 변경하여 아카시해협으로 수송되고 있다. 또 오사카만 남부에서는 서쪽방향으로 수송되고 있었다. 오사카만 중앙부의 동쪽에서 북상하는 수송은 흑색 벡터로 표시하였고, 내만으로 수송됨에 따라 조립한 입경의 입자가 많이 남게 되었다. 이것은 조류의 크기가 내만으로 갈수록 점차 작아지는 것과 잘 대응한다[12]. 한편 만 북부의 서쪽방향의 수송은 백색

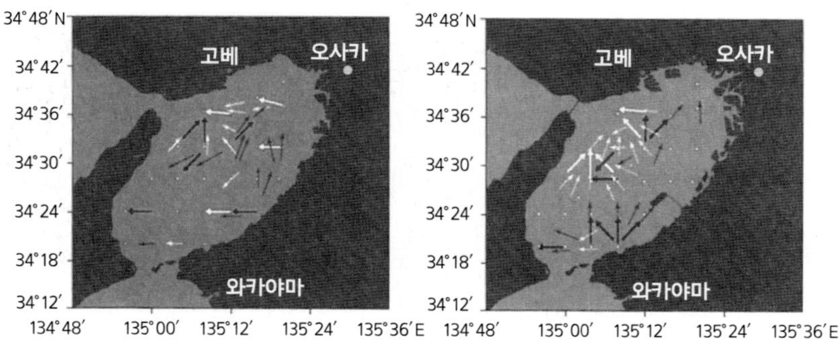


**그림 37.** 오사카만에서 1982년(a)과 2003(b)의 표층퇴적물의 수송 방향.

벡터로 표시하였고, 아카시해협으로 가까워질수록 세립질 입자가 많이 남는다. 이것은 조류의 크기가 아카시해협에 가까워짐에 따라 커지는 것과 잘 대응하는 결과이다[12].

2003년의 수송방향은 그림 37(b)와 같이 1982년과 같이 일부 정점에서 반대 방향을 나타내는 화살표도 있지만, 평균적으로는 오사카만 북부의 수송경향은 동부에서 북동 방향, 서부에서는 서쪽방향으로 되어 있어, 1982년과 거의 변화가 없다. 그러나 오사카만 남부의 수송방향은 크게 변하여, 오사카만 남동부의 간사이국제공항 남부에서 방사형으로 수송되는 새로운 경로가 보여 진다. 오사카만 북부의 수송은 주로 백색 벡터로 표시하였고, 주로 세립한 입자가 많이 남는 경우였다. 반대로 오사카만 남부의 수송은 주로 흑색 벡터로 표시되어, 조립한 입자가 많이 남는 경우였다.

표층퇴적물의 분포와 수송 방향의 변화에 대해서 고찰하면, 1982년에 비해 2003년은 오사카만 중앙부에서 북부해역은 백색의 북에서 남서로 향하는 화살표가 증가하며, 중앙 입경이 조립한 입자로 되는 표층퇴적물 수송이 발달하였다. 오사카만 중앙부는 2003년 유속이 빨라지고 중앙 입경은 조립한 입자화 되어(그림 36(b)), 1982년보다 많은 조립 입자가 아카시해협으로 수송되었다. 그 결과 오사카만 중앙부에서는 상대적으로 세립한 입자가 남게 되었고, 왜도는 세립한 입도로 치우친 것으로 판단된다(그림 36(b)). 또 오사카만 남부는 흑색으로 북향을 나타내는 화살표가 증가되어, 2003년 중앙 입경이 세립화 되는 표층퇴적물 수송이 현저하였다. 토모가시마수도 인근해역은 2003년 유속이 감소하여 중앙 입경은 세립화 되고(그림 36(a)), 1982년보다 많은 세립 입자가 오사카만 중앙부로 수송되는 것으로 보인다. 그 결과 토모가시마수도 주변해역은 상대적으로 조립한 입자가 많이 남게 되었고, 왜도는 조립한 입도로 편향되는 것(그림 36(b))으로 판단되었다.

### 라. 결론

이상의 해석결과 1982년부터 2003년에 걸쳐 오사카만 주변의 대규모 개발에 의해 오사카만 중앙부는 유속이 빨라져, 표층퇴적물의 중앙 입경이 조립화 되는 것에 반하여, 토모가시마수도 주변의 해협부는 유속이 감소하여 중앙 입경이 세립화 되는 것으로 나타났다. 오사카만 중앙부의 유속 증가는 오사카와 고베에서 보이는 $M_2$ 조석 진폭이 작아진 결과[11]로 예상할 수 있는 조류의 유속 감소와는 정성적으로 다른 결과이다.

2003년 8월 8일에는 대형 태풍 10호가 오사카만을 통과하여 2003년 10월의 표층퇴적물 분포에 태풍에 의한 퇴적물 교란의 영향이 남아 있을 가능성도 있다. 이와 같은 의문점을 포함하여 앞으로 1982년과 2003년 오사카만의 조류 및 잔차류의 변화를 정확히 재현할 수 있는 3차원 수치모델을 구축하고, 한계 소류력(掃流力)의 변화[13]와 표층퇴적물 이동의 변화에 대한 계산으로, 이번 조사에서 밝혀진 표층퇴적물의 분포와 수송의 변화 원인을 정량적으로 해석되어야 할 것이다.

# 참고문헌

[1] Inouchi, Y., 1982. J. Geological Soc, Japan, 8, 665-681.

[2] 谷本照已, 川名吉一郎. 山岡到保, 1984. 中國工業技術試驗所報告, 21, pp.1-11.

[3] Folk, R.L. and W.C. Ward, 1957. J. Sediment. Petrology, 27, 3-26.

[4] Gao, S. and M. Collins, 1992. Sediment Geol., 80, 47-60.

[5] Roux, J.P., 1994. Sediment Geol., 90, 153-156.

[6] Gao, S. and M. Collins, 1994. Sediment Geol., 90, 157-159.

[7] Guo, X., Harai, K., Kaneda, A. and H. Takeoka, 2007. Journal of Oceanography. (to be submitted)

[8] Chang, P.-H., Guo, X. and H. Takeoka, 2008. Proceedings of 14th PAMS/JECSS Workshop, 252-255.

[9] 柳哲雄, 樋口明生, 1979. 沿岸海洋研究ノート, 16, 123-127.

[10] Murakami, M., Y. Oonishi and H. Kunishi, 1985. J. Oceanogr. Soc. Japan, 41, 213-224.

[11] 吉田みゆき, 高杉由夫, 1980. 海の研究, 10, 123-135.

[12] 柳哲雄, 樋口明生, 1980. 沿岸海洋研究ノート, 17, 145-150.

[13] 柳哲雄, 藤家亘, 塚本秀史, 鎌田泰彦, 2004. 沿岸海洋研究, 42, 67-71.

(柳哲雄, Yanagi Tetsuo)

제**5**장

# 세토내해의 해저환경과 저서생물의 변화

**앞쪽사진** (위) 선상에서 표영 환경의 수온, 염분, 용존산소, 엽록소 *a* 농도 측정은 물론 희망하는 수심에서 해수를 채수하기 위해 로젯샘플러(Rosette Multi-sampler)를 내리는 모습

(아래) 왼쪽은 바다에서 표층퇴적물에 서식하는 저서생물을 채집하는 SM형 채니기의 모습(Smith-McIntyre). 오른쪽은 (위)의 로젯샘플러(Rosette Multi-sampler)를 확대한 사진으로 밑에 옆으로 장착되어 있는 것이 각종 센서가 부착된 CTD (conductivity(salinity), temperature, depth). CTD는 전기전도도에 의한 염분 농도, 수온, 수심을 동시에 측정할 수 있는 뿐만 아니라, 용존산소(DO), pH, 엽록소 *a*, 탁도 등 다양한 센서를 부착하여, 다양한 항목을 표영 환경에서 수심별로 동시에 측정하는 것이 가능하다.

## 1. 서언

일본 환경부(環境省)는 1981년도를 기점으로 1991년 및 2001년부터는 4~5년에 걸쳐 3회의 세토(瀨戶)내해 환경정보 기본조사를 수행하여 표층퇴적물 중의 전 유기탄소, 질소, 인 및 저서생물 등의 분포현황을 조사하였다[1][2][3]. 본 장에서는 3회 조사결과를 정리한 종합 해석보고서[3]를 기초로 세토내해 해저환경 및 저서생물의 현황과 1980년대부터 20년에 걸친 변화를 설명하였다[1].

## 2. 조사방법

조사정점은 세토내해를 북위 35° 동경 135°의 정점을 기준으로 하여 3분[2] 간격의 망목 형태로 선정하였고, 각 망속격자의 중앙을 관측점으로 하였으나, 채집이 불가능한 경우는 정점을 주위로 다소 이동하였다. 조사정점의 위치는 GPS (FURUNO GP-1800 MARK-2)로 정하고, 조사 중의 위치 이동은 15m 이내로 하였다

조사는 8월에 수행하였다. 조사정점은 제1회에 843개 정점, 2회 및 3회 조사는 425개 정점 (기이수도(紀伊水道) 28개 정점, 오사카만(大阪灣) 31개 정점, 하리마나다(播磨灘) 68개 정점, 비산세토

---

1) 세토(瀨戶)내해 연안에 위치하는 11개 부와 현의 연구진들이 모여 작성하였다. 제3회 세토(瀨戶)내해 환경보존기본조사(종합해석편)[3]를 기초로 저자가 책임하에 증가・삭제를 하였다.

2) 1분은 1마일(natural mile)로 1,852m를 나타낸다. 즉 3분 간격은 5.556km의 거리 간격을 말한다.

(備讃瀨戸) 28개 정점, 빈고나다(備後灘) 15개 정점, 히우치나다(燧灘) 33개 정점, 아키나다(安芸灘) 15개 정점, 히로시마만(広島灣) 23개 정점, 이요나다(伊予灘) 45개 정점, 수오나다(周防灘) 92개 정점, 분고수도(豊後水道) 29개 정점, 벳부만(別付灣) 8개 정점, 히비키나다(響灘) 10개 정점이다. 3회 조사의 공통정점에 대해서만 해석을 하였다.

표층퇴적물은 SM(Smith-McIntyre)형 채니기로 표층 퇴적물을 채집하였다. 외관, 색, 냄새, 니온(泥溫)[3], 산화・환원전위 등은 현장에서 채집과 동시에 측정하였고, 표층 5cm 시료를 냉장보관 상태로 실험실로 운반하여 다음의 항목을 분석하였다. 퇴적물에 대한 물리, 화학적 특성의 분석 항목은 함수율, 입도조성, 강열감량(IL), 화학적산소요구량(Chemical Oxygen demand, COD), 총 인(T-P), 총 질소(T-N), 총 유기탄소(TOC) 및 검지관법을 이용한 총 황화물(T-S)이다. COD와 T-S는 습니(濕泥)를 이용하여 분석하여, 건중량으로 계산하였다. 분석방법은 제1회 조사와 제2회 조사 및 제3회 조사의 방법은 COD를 제외하고 모두 동일하였다. 그리고 제2회 조사에서 T-S는 측정하지 않았다.

대형저서생물(macrobenthos)은 SM형 채니기로 0.1 $m^2$의 면적을 채집하였고, 채집된 표본은 망목이 1mm인 스테인레스 채로 분리시킨 다음, 10% 중성포르말린으로 고정하여 실험실에서 동정과 계수를 실시하였다.

---

3) 퇴적물을 구성하는 펄의 온도

# 3. 결과 및 고찰

제1～3회 조사결과를 정리하여 표 2에 나타내었다. 현황은 제3회 조사의 표층퇴적물과 저서생물(benthos)의 수평분포에 관해서 서술하였다.

## 가. 표층퇴적물 현황

### 1) 입도조성

표층퇴적물의 입도구분은 Wentworth[4]에 따라 직경 2mm 이상을 자갈, 0.063～2mm를 모래, 0.004～0.0063mm를 실트, 0.004 mm 이하를 점토로 하여, 각각의 질량 백분율(%)로 구하였다. 또한 실트와 점토 비율의 합계를 함니율(含泥率, mud content)로 하였다.

함니율의 수평분포를 그림 38에 나타내었다. 함니율은 0.1～99.8%로 평균값은 53.6%였다. 함니율 70%이상의 정점은 전체의 42.6%를 차지하였으며, 기이수도의 서부, 오사카만의 내만해역, 하리마나다의 서부와 중, 남부, 히우치나다의 중앙, 동부에서 빈고나다에 이르는 해역, 히로시마만, 수오나다의 북동부와 남서부 일부, 벳부만에 이르는 넓은 해역에 분포하였다. 한편 함니율 10% 미만의 정점은 전체 정점의 18.6%를 차지하였고, 아카시해협(明石海峽), 비산세토(備讚瀨戶) 등의 해협부, 아키나다, 분고수도에서 이요나다, 수오나다의 남동부 및 히비키나다에 분포하였고, 사질 함유율이 높게 나타났다.

**표 2.** 세토내해 표층퇴적물의 측정 항목별 및 분석결과 일람표

| 항 목 | | 최대값 | 최소값 | 평균값 | 분산 | 표준편차 | 변동계수 (%) | 정점수 |
|---|---|---|---|---|---|---|---|---|
| 자갈 함유량 (%) | 1회 | 70.5 | 0 | 3.7 | 106 | 10.3 | 277 | 410 |
| | 2회 | 80 | 0 | 4.0 | 114 | 10.7 | 264 | 410 |
| | 3회 | 93 | 0 | 3.8 | 105 | 10.3 | 269 | 410 |
| 모래 함유량 (%) | 1회 | 98.5 | 0 | 38.8 | 1060 | 32.6 | 84.1 | 410 |
| | 2회 | 99.4 | 0.1 | 40.6 | 1030 | 32.1 | 79.0 | 410 |
| | 3회 | 99.6 | 0 | 40.9 | 1090 | 33.1 | 80.8 | 410 |
| 실트 함유량 (%) | 1회 | 93.9 | 0 | 31.9 | 458 | 21.4 | 67.0 | 410 |
| | 2회 | 95.7 | 0 | 32.8 | 587 | 24.2 | 73.9 | 410 |
| | 3회 | 84.1 | 0 | 29.8 | 390 | 19.8 | 66.3 | 410 |
| 점토 함유량 | 1회 | 84.7 | 0 | 25.6 | 379 | 19.5 | 76.1 | 410 |
| | 2회 | 87.9 | 0 | 22.5 | 423 | 20.6 | 91.3 | 410 |
| | 3회 | 73.9 | 0 | 25.5 | 422 | 20.5 | 80.6 | 410 |
| 함니율 (%) | 1회 | 100 | 0 | 57.5 | 1310 | 36.1 | 62.8 | 410 |
| | 2회 | 99.9 | 0.2 | 55.2 | 1260 | 35.5 | 64.2 | 410 |
| | 3회 | 99.8 | 0.1 | 55.3 | 1300 | 36.0 | 65.2 | 410 |
| Eh (mV) | 1회 | 410 | -170 | 23.7 | 8360 | 91.4 | 387 | 408 |
| | 2회 | 846 | -167 | 51.4 | 27500 | 166 | 322 | 408 |
| | 3회 | 403 | -271 | 13.0 | 30200 | 174 | 1330 | 408 |
| IL (%) | 1회 | 16.1 | 1.2 | 6.9 | 10.0 | 3.17 | 45.8 | 410 |
| | 2회 | 19 | 0.7 | 6.7 | 9.77 | 3.13 | 47.0 | 410 |
| | 3회 | 18 | 0.7 | 6.5 | 9.34 | 3.06 | 46.9 | 410 |
| COD (mg/g) | 1회 | 48.1 | 0.2 | 16.5 | 114 | 10.7 | 64.6 | 410 |
| | 2회 | 35 | 0.1 | 11.7 | 68.0 | 8.25 | 70.8 | 410 |
| | 3회 | 37 | 0.3 | 12.0 | 63.0 | 7.94 | 66.2 | 410 |
| T-P (mg/g) | 1회 | 0.76 | 0.07 | 0.42 | 0.0278 | 0.167 | 39.8 | 410 |
| | 2회 | 1.1 | 0.06 | 0.42 | 0.0236 | 0.154 | 36.9 | 410 |
| | 3회 | 1.6 | 0.06 | 0.41 | 0.0255 | 0.150 | 39.1 | 410 |
| T-N (mg/g) | 1회 | 3.51 | 0.00 | 1.41 | 0.844 | 0.918 | 65.4 | 410 |
| | 2회 | 3.50 | 0.01 | 1.40 | 0.844 | 0.919 | 65.8 | 410 |
| | 3회 | 3.50 | 0.01 | 1.32 | 0.730 | 0.854 | 64.9 | 410 |
| TOC (mg/g) | 1회 | 30.4 | 0.1 | 11.8 | 54.2 | 7.36 | 62.3 | 410 |
| | 2회 | 36.0 | 0.2 | 12.2 | 63.5 | 7.97 | 65.5 | 410 |
| | 3회 | 31.0 | 0.3 | 10.9 | 50.8 | 7.13 | 65.3 | 410 |
| T-S (mg/g) | 1회 | 2.19 | 〈0.01 | 0.13 | 0.0542 | 0.233 | 176 | 410 |
| | 2회 | - | - | - | - | - | - | - |
| | 3회 | 1.70 | 〈0.01 | 0.16 | 0.0567 | 0.238 | 146 | 410 |

제1회의 COD는 제2회 및 제3회 분석방법과 다르기 때문에 비교가 불가

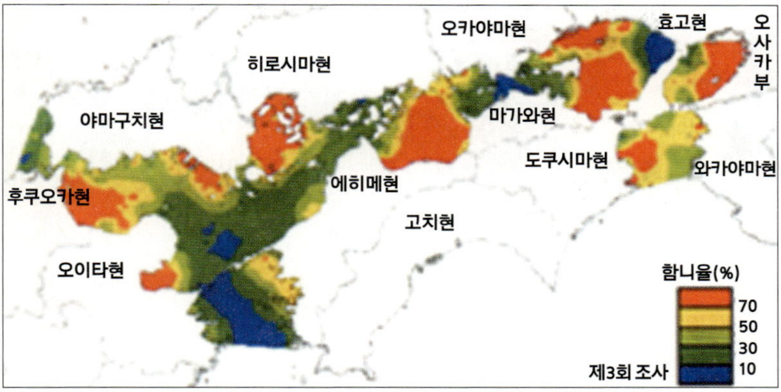


**그림 38.** 함니율의 수평분포 (제3회 조사).

## 2) 강열감량

강열감량(强熱減量, Ignition Loss. IL)의 수평분포를 그림 39에 나타내었다. 강열감량의 함량을 4%미만, 4~8% 그리고 8% 이상의 3단계로 나누어 비교하면[4], 각각 24.9%, 42.4%, 32.7%로 나타났다. 4%미만은 기이수도의 서부, 아카시해협 부근, 하리마나다의 서부, 비산세토, 아키나다의 남부, 이요나다의 북동부와 남서부, 분고수도의 중앙부와 히비키나다에 보여진다. 이들 모든 해역은 흐름이 빠르고 해저퇴적층이 자갈이나 모래로 구성되어 있다. 한편, 8%이상의 해역은 오사카만, 하리마나다의 북부와 중앙에서 남부, 히우치나다의 중앙에서 동부, 히로시마만, 수오나다의 서부 및 벳부만에서 보여졌다. 이들 해역의 표층퇴적물은 실트와 점토의 펄로서 구성되었다. IL이 12%이상의 정점은 전체의 5.2%를 차지하

4) 미국과 캐나다의 호수 환경기준으로 비오염, 일부 부영양호 및 오염지역으로 구분하는 기준이 됨

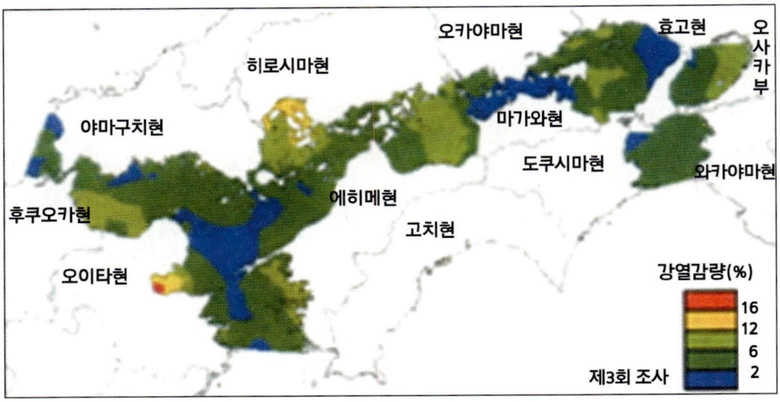


**그림 39.** IL의 수평분포 (제3회 조사).

였으며, 오사카만, 히로시마만 및 벳부만의 각 내만해역으로 폐쇄성이 강하고, 내만 육역에서 오염물질 부하량이 높은 해역이다.

3) 총 인

총 인(總燐, Total Phosphorus, TP/T-P)의 분포를 그림 40에 나타내었다. T-P가 0.15 mg/g-dry 미만의 정점은 전체의 6.1%를 차지하였으며, 기이수도의 중앙부, 하리마나다의 동부, 일부 비산세토해역, 이요나다의 북동부 및 히비키나다의 중앙부에서 모래 함유율이 높은 해역에 해당하였다. 0.60 mg/g 이상의 정점은 전체 8.5%였으며, 오사카만과 히로시마만의 내만해역, 수오나다의 서부와 벳부만에서 비교적 높았다. 또한 하리마나다의 북부연안, 기이수도의 와카야마(和歌山)현과 도쿠시마(德島)현 쪽의 연안부 및 빈고나다에서도 높았다.

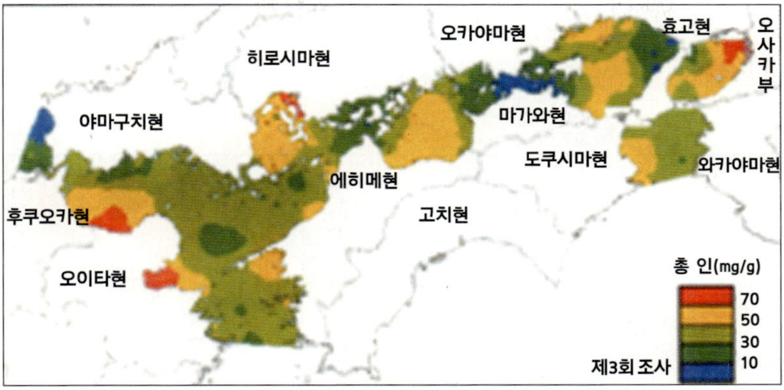


**그림 40.** T-P의 수평분포 (제3회 조사).

### 4) 총 질소

총 질소(總窒素, Total Nitrogen, TN/T-N)의 수평분포를 그림 41에 나타내었다. T-N이 0.5 mg/g 미만의 값을 보이는 정점은 전체 22.4%였으며, 하리마나다의 동부, 비산세토, 아키나다의 남부, 이요나다의 동부, 분고수도 및 히비키나다에서 보여진다. 이 중에서도 빈고나다를 통하여 유입하는 외해수의 흐름의 영향을 받는 분고수도와 이요나다에서 낮은 농도를 보이나, 분고수도와 같은 세토내해 동쪽에서 외해에 접해 있는 기이수도의 중앙부는 0.5~0.8 mg/g으로 서쪽의 분고수도보다 다소 높은 농도를 나타내었다. 2 mg/g 이상의 높은 농도를 보이는 정점은 27.5%로, 오사카만, 하리마나다의 연안역과 중앙부, 빈고나다의 동부, 히우치나다의 동부, 히로시마만, 수오나다의 북동부와 남서부 및 벳부만 등에서 광범위하게 보여졌다. 분고수도의 시코쿠의 에히메(愛媛)현 쪽의

1개 연안정점에서 2 mg/g, 하리마나다와 히로시마만, 그리고 벳부만에서 3.0 mg/g 이상의 농도도 보여진다.

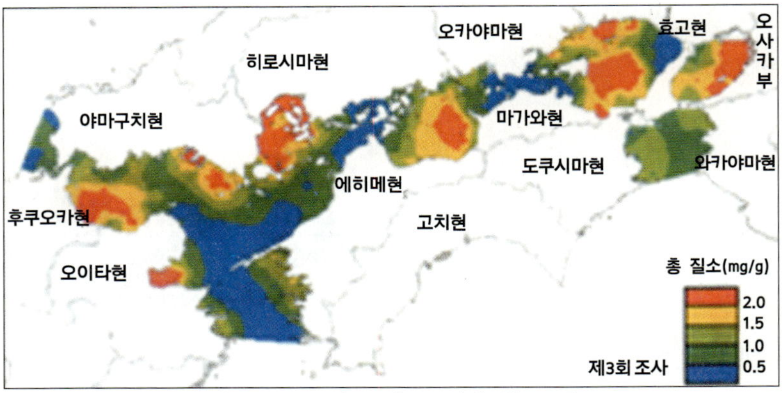


**그림 41.** T-N의 수평분포 (제3회 조사).

### 5) 총 유기탄소

총 유기탄소(總有機炭素, Total Organic Carbon, TOC)의 수평분포는 그림 42에 나타내었다. TOC가 10 mg/g 이상인 정점은 48.9%로 기이수도, 하리마나다의 동부, 비산세토, 아키나다, 이요나다, 분고수도 및 수오나다 중앙부 등 넓은 범위에서 보여진다. 10 mg/g 미만의 정점은 비산세토, 아키나다, 이요나다 및 분고수도에서 보였다. 20 mg/g 이상을 나타내는 정점은 13.9%이며, 오사카만의 동부, 하리마나다의 북부와 중앙부, 빈고나다의 동부에서 히우치나다의 동부에 걸친 해역, 히로시마만, 수오나다의 북동부와 남서부 및 벳부만에서 보여진다. 그리고 그림에는 없지만, COD는 TOC와 같은 양상을 나타내었다.

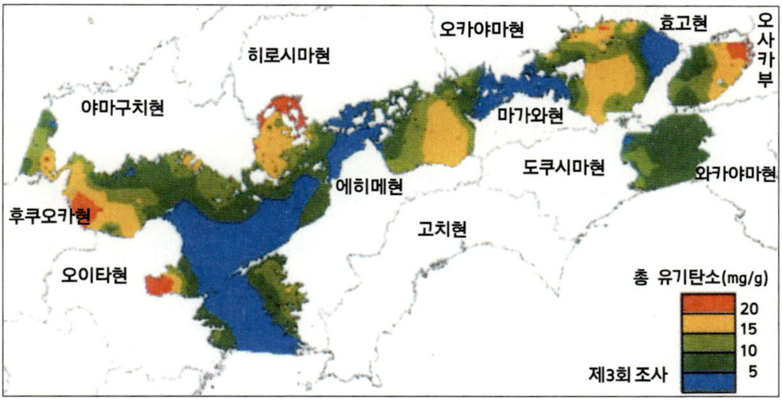


**그림 42.** TOC의 수평분포 (제3회 조사).

## 6) 총 황화물

총 황화물(總黃化物, Total Sulfide, T-S)의 분포도는 그림 43에 나타내었다. T-S가 0.15 mg/g 미만의 정점은 전체 68.2%로 기이수도, 아키나다, 이요나다, 분고수도 및 히비키나다를 중심으로 세토내해 전역에 분포하였다. 한편, 0.15 mg/g이상의 해역은 오사카만, 하리마나다의 북부와 중앙부, 히로시마만, 수오나다 서부, 히우치나다 동부 및 벳부만서 나타난다. 이 중 0.60 mg/g이상을 나타내는 정점은 전체 7.1%로, 오사카만 동부, 하리마나다의 연안부, 수오나다 남서부에 분포하였으며, 히로시마만에서도 한 개 정점에서 보였다. 이 들 해역은 조류가 약하여 해수가 정체되기 쉬운 특징을 가지며, 퇴적상도 펄로서 유기 오염물질이 대량으로 축적되어있다. T-S는 산화・환원전위(酸化還元電位, oxidation-reduction potential,

ORP/Eh)[5]와 관련이 있어, Eh의 값이 -100 mV 미만의 정점과 T-S가 0.15 mg/g 이상의 정점은 거의 일치한다. 이러한 해역에서는 성층기에 저층으로 용존산소가 공급이 거의 없기 때문에 표층퇴적물 부근의 산소가 소비되어 혐기환경으로 변화 되며, 황산환원세균의 활성이 높기 때문에 표층퇴적물 중의 T-S가 높아진다.

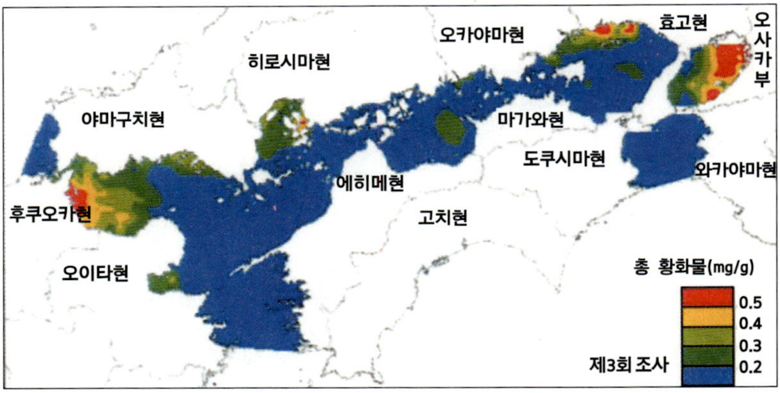


**그림 43.** T-S의 수평분포 (제3회 조사).

### 나. 함니율과 각 항목 사이의 관계

함니율(含泥率)과 유기물 관련항목(IL, COD, T-P, T-N, TOC)의 관계를 보면, 각각의 해역에서 다소 다른 경향을 보이지만, 전체적으로는 강한 상관관계를 보였다. 퇴적물의 현황의 결과에서 알

---

5) 어떤 물질이 전자를 잃고 산화되거나 또는 전자를 받고 환원되려는 경향의 강도를 나타내는 것으로, 어떤 화학반응의 내용을 예측하는데 중요한 단서가 된다. mV의 단위로 표시되며 일반적으로 양의 값은 산화상태, 음의 값은 환원상태를 나타내며, Eh로 규정지었다.

수 있듯이, TOC는 함니율이 많은 표층퇴적물의 해역에서 높고, 모래질의 해역에서 낮아진다. 다른 항목에 관해서도 같은 경향을 보였다[3]. 전자는 오사카만, 히로시마만, 벳부만과 같은 폐쇄성이 강하여 해수 유동이 약한 해역으로, 유기물은 실트와 점토의 미세입자와 같이 퇴적한다. 때문에 만일 더욱 외부에서 큰 오탁부하가 있게 되면, 부하량을 반영하는 표층퇴적물의 유기물 농도는 더욱 증가하게 된다. 후자는 이요나다, 분고수도, 아키나다에서 나타난다. 또한 히우치나다는 함니율이 높아도 유기물 함량이 비교적 낮은 특징을 나타내었다.

함니율과 T-S의 관계는 함니율이 50%까지 T-S는 0.01 mg/g 이하이며, 그 이상은 농도가 급격히 높아지는 경향을 보였으나, 낮은 농도를 보이는 정점도 있기 때문에 정점에 따른 분산은 크게 나타났다. 함니율 50% 이하에서 T-S가 0.1 mg/g이하를 나타낸 곳은 수오나다의 정점이었다.

### 다. 3번의 조사 결과에 의한 표층퇴적물의 변화

표 2는 3회의 조사결과를 비교한 내용이다. 1회 조사에 비하여 2회 조사는 IL, T-P 및 입자상 유기탄소(Particulate Organie Carbon, POC)의 최대값에서 증가하였지만, 평균값에서는 큰 변화가 없었다. 2회와 3회 조사에서 T-P 최대값은 증가하였지만, TOC의 최대값과 평균값은 감소하였다. 그러나 최소값은 반대로 증가하였다. 1회와 3회 조사를 비교하면, T-S의 최소값은 변화가 없지만, 최대

**표 3.** 세토내해 표층퇴적물의 2회 조사 사이의 평균값 차이에 대한 유의성 검증 결과

| 조사항목 | | 제1회와 제2회 조사 | | 제2회와 제3회 조사 | | 제1회와 제2회 조사 | |
|---|---|---|---|---|---|---|---|
| | 시료수 | t값 | 판정 | t값 | 판정 | t값 | 판정 |
| 자갈함유율 | 410 | 0.653 | | 0.507 | | 0.184 | |
| 모래함유율 | 410 | 2.416 | * | 0.483 | | 2.613 | ** |
| 실트함유율 | 410 | 1.042 | | 3.987 | ** | 2.973 | ** |
| 점토함유율 | 410 | 4.248 | ** | 3.835 | ** | 0.226 | |
| 함니율 | 410 | 3.073 | ** | 0.024 | | 3.105 | ** |
| Eh | 408 | 3.539 | ** | 6.331 | ** | 2.189 | * |
| IL | 410 | 1.937 | | 1.076 | | 4.089 | ** |
| COD | 410 | | | 1.568 | | | |
| T-P | 410 | 0.388 | | 1.691 | | 1.775 | |
| T-N | 410 | 0.346 | | 3.552 | ** | 4.620 | ** |
| TOC | 410 | 1.652 | | 5.848 | ** | 5.038 | ** |
| T-S | 410 | | | | | 2.672 | ** |

(Eh이외의 항목) : 시료수 410 자유도 818

* : 5%의 유의수준으로 유의한 차이가 있음. t(818, 0.05/2) = 1.963

**: 1%의 유의수준으로 유의한 차이가 있음. t(818, 0.01/2) = 2.582

(Eh) : 시료수 408 자유도 814

* : 5%의 유의수준으로 유의한 차이가 있음. t(814, 0.05/2) = 1.963

**: 1%의 유의수준으로 유의한 차이가 있음. t(814, 0.01/2) = 2.582

* T-S의 측정을 제2회 조사에서 수행하지 않았기 때문에 제2회 조사도 포함한 평균값의 차이는 측정 불가능함.

* COD에 관해서는 제1회 조사의 측정법이 제 2회 조사 및 제 3회 조사와 다르기 때문에 제1회 조사와 비교 불가능함.

값은 2할 정도 감소하였음에도 불구하고 평균값은 증가하였고, TOC의 최소값은 증가하였음에도 불구하고 평균값은 감소하였다.

다음은 각 조사 사이의 변화를 통계적으로 검토하기 위해, 2회 조사 결과의 평균값 차이에 대한 검증 결과를 표 3에 나타내었다.

1회와 2회 조사 사이에는 점토 함유량과 함니율은 1%의 오차범위에서 유의한 감소 경향을 보이나, 반대로 Eh는 1%의 유의수준에서 유의한 증가 경향을 나타내었다. 모래 함유율도 5%의 유의수준에서 유의적인 증가 경향을 나타내었다. 2회와 3회 조사 사이에는 실트 함유율, 점토 함유율, Eh, T-N 및 TOC는 1%의 유의수준에서 유의적인 감소 경향을 나타내었다. 1회와 3회 조사 사이에는 모래 함유율과 T-S는 1%의 유의수준에서 증가하는 양상을 보이지만, 실트 함유율, 함니율, IL, T-N 및 TOC에 관해서는 1%의 유의수준에서 감소하는 경향을 나타내었다. 또한 Eh는 5%의 유의수준에서 감소하였다.

이상과 같이 1980년대 초에서 2000년대 초까지 약 20년간 세토내해의 표층 퇴적물 변화는 각각의 해역에 따라 다소 차이가 있으며, 중간의 2회 조사와 반대 경향을 나타내는 경우도 있었다. 한편 세토내해 전 해역은 1회 조사에 비하해 3회 조사에서 IL, T-N 및 TOC의 평균값은 통계적으로 유의적인 감소 경향을 나타내었다. T-P에 대해서도 통계적인 유의성은 없더라도 절대값으로 0.419 mg/g에서 0.407 mg/g으로 감소하였다. 이와 같이 세토내해 표층퇴적물의 유기물과 영양염이 감소 경향을 보이는 것으로부터 조심스럽게 세토내해 표층퇴적물의 환경은 다소 개선되고 있는 것으로 판단할 수 있었다.

1회와 3회 조사에서 T-S의 변화를 보면, 오사카만, 히로시마만, 수오나다의 서부 및 벳부만에서 산술평균 및 중앙값은 모두 증가하였고, 하리마나다, 히우치나다와 빈고나다는 감소하였다. 그러나 세토내해 전체로는 다소 증가하는 양상을 보였다. 山本 등[5]은 IL이 5% 이상, Eh가 +200 mV 이하에서 황산 환원이 진행된다고 보고하였다. 본 조사 결과에서 IL이 5% 이상이면서 Eh가 +50 mV 이하의 경우에 T-S가 검출되었으며, Eh는 山本 등[5]의 지적보다도 낮은 값이다. 다만, 수오나다와 같이 IL이 2.5%에서 T-S 농도가 0.1 mg/g이 검출된 경우도 있었다.

세토내해의 표층퇴적물은 개선되고 있다고 하지만, IL의 평균값이 6.5%이며, 펄 퇴적층에서는 7.5% 이상으로 저층의 빈산소가 발생하면, 황산 환원균이 활발하게 활동할 수 있는 충분한 유기물이 존재하고 있다고 할 수 있다. 본 조사는 저층의 빈산소가 발생하기 쉬운 8월에 실시하였기에 과거 20년간 Eh의 감소와 T-S의 증가를 단순히 표층퇴적물의 악화로 보는 것은 어렵다. 이와 같은 내용은 나중에 기술하지만, 세토내해 표층퇴적물 간극수의 용존산소(DO)에서 변화가 보이지 않지만, T-S가 크게 증가한 오사카만이나 수오나다의 경우도 마찬가지다. 장기간 저층의 산소농도의 변화가 없다면, 3차 조사에서 T-S농도의 증가는 연변화의 범위에 속하는 것일 지도 모른다.

입도조성의 평균값에서 모래 함유율은 점차 증가하고, 실트 함유율이 그 만큼 감소하였다. 자갈 함유량과 점토 함유량은 거의 같기 때문에 함니율은 다소 감소한다. 수질오염의 진행은 결과적으로 유기물 등과 함께 미세입자의 침강을 촉진하기 때문에 함니율의 감소는 수권환경의 개선을 반영하고 있는 것일 수도 있다.

라. 대형 저서생물

1) 분포 현황

대형 저서생물의 종류, 출현 개체수 및 다양도 지수(H')의 수평분포를 그림 44에서 그림 46까지 나타내었다. 대형 저서생물의 총 출현종수는 분고수도에서 최고 221종, 수오나다 209종, 이요나다 205종, 아키나다 202종, 비산세토 180종, 하리마나다 164종, 오사카만 122종, 기이수도 99종, 빈고나다 93종, 히로시마만 81종, 히우치나다 72종, 히비키나다 62종 그리고 벳부만이 25종으로 해역에 따른 변동 폭이 매우 커서, 뱃부만의 25종에서 분고수도의 221종까지 약 10배의 차이를 보였다(그림 44).

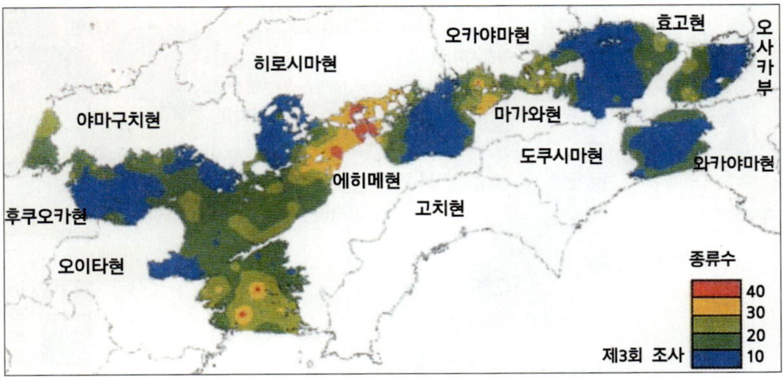


**그림 44.** 대형저서생물 총 출현종수의 수평분포(제3회 조사).

평균 출현 개체수는 비산세토에서 362 개체/0.1m$^2$로 가장 많았다. 이는 비산세토의 1개 정점에서 유기오탁종인 *Muscalista senhousia*가 4,594 개체/0.1m$^2$, 4개 정점에서 절족동물 *Ampelisca naikaiensis*가 250~769 개체/0.1m$^2$ 출현하는 등, 특정 종이 다수 서식하기 때문이다. 또한 도쿠시마현 측의 두 개 정점에서 절족동물 *Ampelisca brevicornis*가 각각 700 개체/0.1m$^2$와 2,100 개체/0.1m$^2$로 출현하여 평균개체수를 증가시켰다. 이 두 해역을 제외하고는 아키나다 100 개체/0.1m$^2$, 빈고나다 52 개체/0.1m$^2$, 이요나다 43 개체/0.1m$^2$, 분고수도 44 개체/0.1m$^2$, 오사카만 36 개체/0.1m$^2$, 히우치나다 35 개체/0.1m$^2$, 히비키나다 32 개체/0.1m$^2$, 수오나다 27 개체/0.1m$^2$, 하리마나다 23 개체/0.1m$^2$, 히로시마만 15 개체/0.1m$^2$ 및 벳부만 6 개체/0.1m$^2$의 순이었다(그림 45).

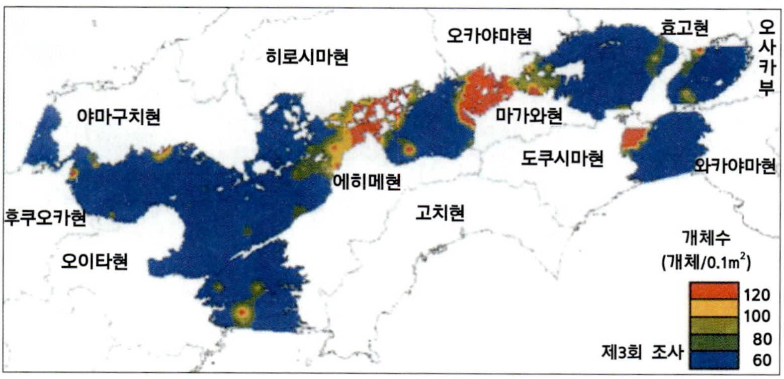


**그림 45.** 대형저서생물 평균 개체수의 수평분포(제3회 조사).

총 출현종수의 증가와 함께 평균개체수도 증가하는 경향이지만, 100종 이상이 출현한 해역의 평균 개체수는 약 50 개체/0.1㎡로 나타났다. 하지만 200 종이 출현한 아키나다의 평균 개체수는 100 개체/$0.1m^2$로 많았다. 특정종이 많이 출현한 정점이 있는 비산세토는 이들 정점을 제외하고도 평균 개체수가 약 100 개체/$0.1m^2$로, 아키나다에 근접한 값이었다. 한편 벳부만은 총 출현종수 및 평균 개체수 모두 세토내해에서 가장 낮은 해역을 나타났다. 또한 다양도지수와 종수의 관계에서는 모든 해역에서 유사한 분포경향을 보였다(그림 46).

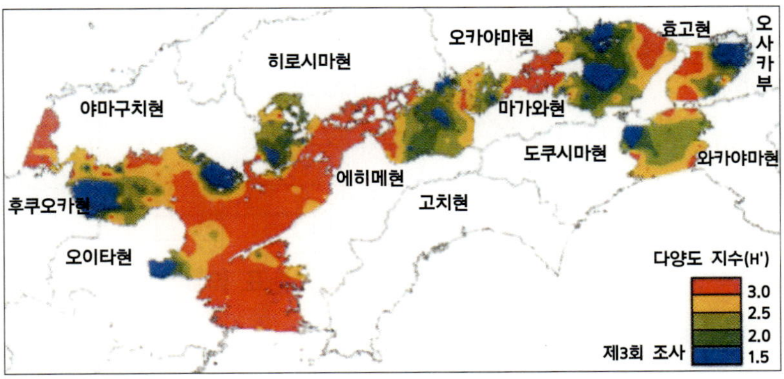


**그림 46.** 다양도지수(H')의 수평분포(제3회 조사).

평균종수, 다양도 지수 및 유기오염 지표종 개체수 비를 변수로 하여 유사도 분석을 한 결과를 그림 47에 나타내었다. 이 결과 세토내해의 각 해역은 크게 ① 대형 저서생물이 풍부한 아키나다,

② 중간 수준이면서 주로 모래 퇴적물을 이루는 비산세토, 분고수도, 이요나다와 히비키나다, ③ 중간 수준이면서 주로 모래와 펄이 분포하는 빈고나다, 수오나다, 하리마나다, 히우치나다, 그리고 기이수도, ④ 대형 저서생물이 빈약한 오사카만, 히로시마만과 벳부만 등 4개 그룹으로 나눌 수 있다.

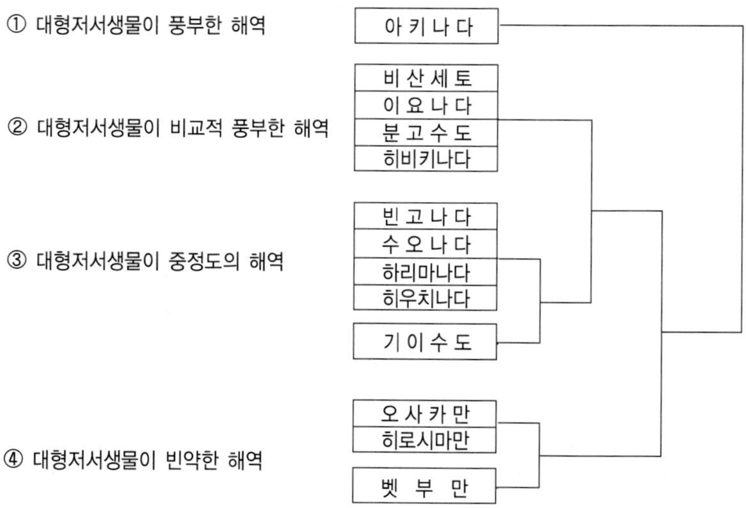


**그림 47.** 대형 저서생물에 대한 유사도 분석결과.

### 2) 대형 저서생물의 변화

2회와 3회 조사의 평균값 차이를 검증한 결과, 대형 저서생물의 총 출현 종수에서 5%의 유의수준에서 유의적인 감소가 보이는 해역은 하리마나다, 히우치나다, 기이수도, 비산세토, 분고수도 그리고 아키나다였다[3]. 이 중 히우치나다는 표층퇴적물의 세립화 경향이 보였고, T-N과 TOC가 5%의 유의수준에서 유의적 증가 경향을 보여, 표층 퇴적물의 악화 가능성을 시사하였다. 또한 대형 저서생물의 총 출현종수와 개체수는 5%의 유의수준에서 유의적 감소 경향으로 표층 퇴적물과 대형 저서동물 사이에 밀접한 관련이 있는 것으로 나타났다. 한편 비산세토와 분고수도는 표층 퇴적물의 IL, COD가 유의적인 증가 및 총 출현종수에서도 유의적으로 증가하였다. 아키나다는 IL과 T-P가 유의적인 증가 경향을 보였고, 저서생물의 총 출현종수와 개체수에서도 유의적인 증가 경향을 나타내었다. 이와 같이 표층 퇴적물과 대형 저서생물의 관계는 각 해역에 따라 다른 특성을 보였다.

1976~1984년 세토내해의 대형 저서동물의 분포 현황에 대하여 수산청에서 각 해역별로 조사를 실시하였다[6]~[12]. 본 조사에서 조사시기와 조사정점은 일치하지 않기 때문에 단순한 비교는 어렵다. 하지만 당시의 현황을 볼 수 있는 유일한 자료이기에 2회와 3회 조사결과와 비교하여 보았다. 출현종수는 벳부만, 히로시마만, 이요나다와 수오나다에서 감소하는 것이 확인되었으나, 2회와 3회 조사 사이에서는 감소하지 않았다. 1970년대 후반 이후의 변화가 확인되지 않은 해역은 오사카만, 빈고나다와 히비키나다 3개 해역이다. 한편 표층 퇴적물의 오염이 진행되지 않은 하리마나다와 같은 해역에서 대형 저서동물의 종수 및 개체수의 감소가 나타났다. 본 조사는 저층의 빈산소화가 발생하기 쉬운

하계에서 수행하였기에 조사 전에 저층의 빈산소 수괴가 형성되었다면, 그 영향에 따라 대형 저서동물의 종수와 개체수는 감소하였을 것이다. 하지만 조사가 실시되기 이전의 수질 데이터가 없기 때문에 구체적인 정보를 얻기는 어려웠다. 즉 세토내해의 대형 저서생물은 1970년 후반 및 1980년 초에서 2000년대 초까지 약 20년 동안 세토내해 대부분의 해역에서 감소한 다음 일정하거나, 일정하다가 감소 또는 뚜렷한 변화가 보이지 않는 경향으로 규칙성이 없어, 대형 저서생물의 서식현황이 개선되었다고 할 수 있는 증거를 제시할 수 없었다.

### 마. 세토내해 오염부하와 변화

세토내해의 오염부하는 산림면적, 가축 사육두수, 어업생산, 인구, 하수처리시설의 보급률, 총생산액 및 공업제품 출하액, 발생 부하량 및 유입하천의 수질 등에 의해 결정된다고 할 수 있기에, 이들 요인의 변화에 대하여 살펴본다[3][13][14][15].

#### 1) 산림면적, 가축 사육두수 그리고 어업생산

세토내해 주변 육역에서 산림면적이 차지하는 비율은 약 70%이다. 2000년 산림면적은 1960년과 1970년보다 넓어졌지만, 1980년과는 유사하여 0.6% 감소하였다. 침엽수와 활엽수의 면적비는 1960년대 활엽수가 대폭 감소하여, 인공 조성한 침엽수의 면적이 증가하였다. 1970년대 이후 활엽수의 면적은 재차 증가하였고, 1980년대에 비하여 인공림과 천연림 모두가 증가하였다. 산림면적, 수종, 인공산림율 등과 유기물이나 영양염의 유출사이에는 불명확한 점이 많지만, 유역에서 오염물질의 유출이 증가할 정도의 산림의 변화는 없었다.

가축 사육두수에서 젖소, 육우, 돼지, 닭은 1970년대 이후 증감이 반복되지만, 2000년 시점에서 감소하였다. 닭은 1970년에 1,750만 마리였지만, 1975년에 5배 이상 증가하였고, 이후 감소하여 2000년에는 5,060 마리가 되었다. 오염 부하량이 높은 소(젖소, 육우의 합계)와 돼지는 1980년, 1990년, 2000년의 개체수를 바탕으로 COD 오염 부하단위[4](소는 19.6명/마리, 돼지는 4.8명/마리)를 이용하여 COD 오염 부하량을 계산하고, 이에 대응하는 인구 수를 계산하였다. 1980년을 기준으로 1990년은 4만명분(1.2 t/일)이 감소하였고, 2000년은 50만명분(15 t/일)이 감소하였다. 같은 방법으로 T-N, T-P의 부하단위[4] (T-N: 소=31.5명/마리, 돼지=3.3명/마리, T-P: 소=31.1명/마리, 돼지=13.9명/마리)를 이용하여 부하량 변화를 추정하면, 1980년에 비해 2000년에 T-N으로는 570만명분(65 t/일), T-P로는 1,130만명분(120 t/일)이 감소하였다.

세토내해에는 2,192종의 어류가 서식하고 있고, 해면 및 양식어업을 합한 어업생산량은 1965년 46만 9천톤에서 증가와 감소를 반복하면서 1986년에 85만 4천톤으로 최고를 나타낸 이후 다시 감소하여 2006년에 48만 8천톤으로 거의 40년전의 수준으로 되돌아갔다. 어업생산량의 감소가 현저하게 나타나는 어종은 정어리, 멸치, 까나리, 모시조개류로서 1980년대부터 생산량이 급격히 감소하였다. 이는 해조장의 감소 등에 따른 서식환경의 악화가 큰 이유라고 할 수 있다.

### 2) 인구, 하수처리시설, 총 생산액과 공업제품 출하금액 및 오염 발생 부하량

세토내해에 인접하는 11개의 부와 현의 인구는 1975년 3,257만명에서 2000년 3,521만명으로 8.1%인 264만명이 증가하였지만, 하수처리인구는 816만명에서 2,231만명으로 1,415만명으로 대폭 증가하였다. 하수처리 보급율은 약 25%에서 63%까지 증가하였다. 또한 하수도, 농촌의 집단 거주 배수시설, 정화조, community plant 등의 오수처리시설의 처리인구 보급율은 80.2%에 달하여, 생활계 배수처리는 착실하게 진전되고 있다.

세토내해 연안에 인접하는 전체 도시의 총 생산액 및 제품 출하금액은 1960년에서 1990년까지는 증가하였지만, 최근 20년은 거의 변화가 없다.

세토내해 주변 육역의 COD, T-N, T-P의 오염발생 부하량의 경년변화[12]를 그림 48에 나타내었다. 1979년 이후의 COD 발생 부하량의 변화는 1～5차 총량규제를 걸쳐 과거 20년간 세토내해 전체로 보면, 약 1,000t/일에서 670t/일로 33% 감소하였다. 1979년과 비교하면 과거 20년간 산업계에서 약 37%, 생활계에서 31%가 삭감되었다. 1999년 시점에서 각 해역의 COD 발생 부하량은 오사카만이 180t/일로 전체 세토내해의 약 30%를 차지하였고, 기이수

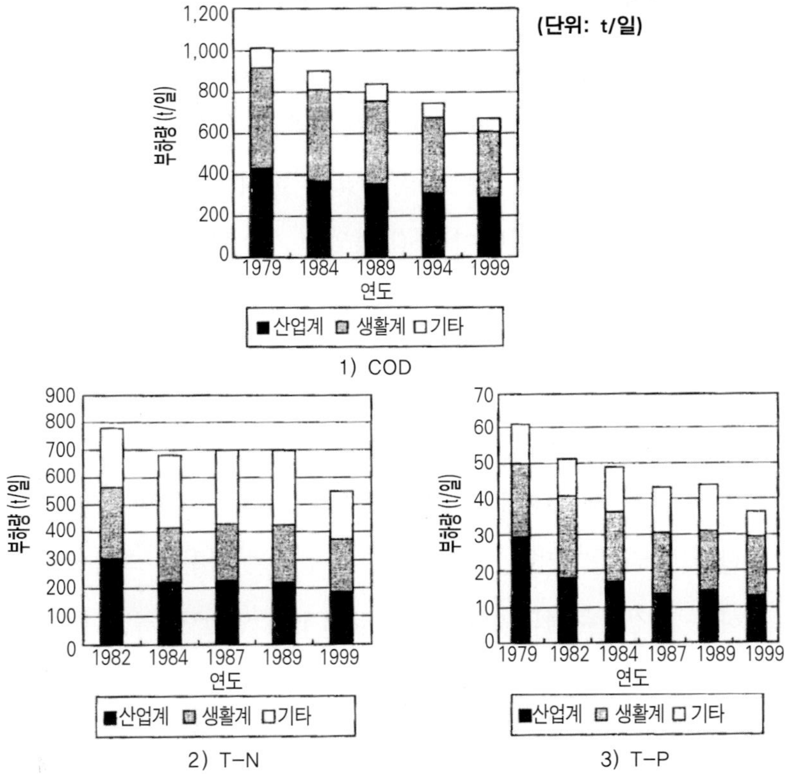


**그림 48.** 세토내해의 오염발생 부하량의 변화.

도가 79t/일으로 약 12%, 히로시마만이 60t/일으로 약 9%로 나타났다. 1979년에 비해 1999년의 삭감율의 크기는 히비키나다가 53%이며, 다음은 오사카만이 47%, 하리마나다가 38%, 수오나다가 31%였다.

다음에 T-N, T-P에 대한 오염발생 부하량의 변화는 T-N의 경우 1982년부터 17년간 29% 감소하였고, T-P는 1979년부터 20년간

인 감소대책의 효과로 41%나 감소하였다. 삭감율은 T-N에서 산업계가 39%이고, T-P는 생활계가 45%로 가장 높았다. T-N에서 생활계, 산업계, 기타의 구성 비율은 거의 유사하지만, T-P에서는 생활계의 점유비가 44%로 가장 높았다. 해역별로 COD 오염발생 부하량과 같이 오사카만이 가장 높았고, T-N과 T-P 모두 세토내해 전해역의 부하량의 약 30%를 점유하였다.

### 3) 유입하천의 수질

세토내해로 유입되는 643개 하천에서 유출되는 수량은 연간 약 500억m$^3$으로 세토내해의 수질 환경에 미치는 하천의 영향은 중요할 것으로 판단된다. 세토내해로 유입되는 하천의 최하류에 위치하는 환경기준점의 COD, T-N 및 T-P의 연간변동을 검토하여 보았다. 하천수질은 환경부 홈페이지[16]에서 인용하였다. COD는 1983년에서 2003년까지 21년간의 자료가 있는 235개 정점, T-N과 T-P는 1995년에서 2003년까지 9년간 자료가 있는 240개 정점을 대상으로 각 년도의 평균값을 계산하였다.

세토(瀨戶)내해 유입하천의 COD, T-N 및 T-P 농도의 변화를 표 4에 나타내었다. 1983～2003년까지 21년간 농도변화를 보면 COD는 1983년에서 1998년까지 16년간, T-N은 1995년에서 2003년까지 9년간, T-P는 1995년에서 2003년까지 9년간 감소하는 경향을 나타내었다. 이 기간 동안 하천의 유량이 일정하다고 가정하면 세토내해에 하천에 의한 오염물질 유입 부하량은 감소한다고

**표 4.** 세토내해 각 해역으로 유입하는 하천의 연간 오염 부하량 평균값의 변화

| 해역 | 항목 | 1983 | 1988 | | 1983 | | 1995 | | 1998 | | 2003 |
|---|---|---|---|---|---|---|---|---|---|---|---|
| 전해역<br>유입하천<br>(240) | COD | | ↘ | | ↘ | | ↘ | | ↘ | | |
| | T-N | - | - | - | - | - | - | | ↘ | | ↘ |
| | T-P | - | - | - | - | - | - | | ↘ | | ↘ |
| 紀伊水道<br>기이수도<br>(20) | COD | | | | | | | | | | ↘ |
| | T-N | - | - | - | - | - | - | | | | |
| | T-P | - | - | - | - | - | - | | | | ↘ |
| 大阪湾<br>오사카만<br>(57) | COD | | ↘ | | ↘ | | ↘ | | ↘ | | ↘ |
| | T-N | - | - | - | - | - | - | | ↘ | | |
| | T-P | - | - | - | - | - | - | | ↘ | | ↘ |
| 播磨灘<br>하리마나다<br>(26) | COD | | | | ↘ | | | | | | |
| | T-N | - | - | - | - | - | - | | ↘ | | ↘ |
| | T-P | - | - | - | - | - | - | | | | ↘ |
| 備讃瀬戸<br>비산세토<br>(32) | COD | | | | | | | | | | |
| | T-N | - | - | - | - | - | - | | | | |
| | T-P | - | - | - | - | - | - | | | | ↘ |
| 備後灘<br>빈고나다<br>(12) | COD | | | | ↘ | | | | | | |
| | T-N | - | - | - | - | - | - | | | | ↘ |
| | T-P | - | - | - | - | - | - | | | | ↘ |
| 燧灘<br>히우치나다<br>(1) | COD | | | | | | | | | | |
| | T-N | - | - | - | - | - | - | - | - | - | - |
| | T-P | - | - | - | - | - | - | - | - | - | - |
| 安芸灘<br>아키나다<br>(6) | COD | | ↗ | | | | | | | | ↗ |
| | T-N | - | - | - | - | - | - | | ↘ | | |
| | T-P | - | - | - | - | - | - | | | | |
| 広島湾<br>히로시마만<br>(17) | COD | | | | ↘ | | | | | | ↘ |
| | T-N | - | - | - | - | - | - | ↘ | | | ↘ |
| | T-P | - | - | - | - | - | - | | ↘ | | |
| 伊予灘<br>이요나다<br>(6) | COD | | | | | | | | | | |
| | T-N | - | - | - | - | - | - | ↘ | | | ↘ |
| | T-P | - | - | - | - | - | - | | ↘ | | |
| 周防灘<br>수오나다<br>(35) | COD | | | | | | | | | | ↗ |
| | T-N | - | - | - | - | - | - | | ↘ | | ↗ |
| | T-P | - | - | - | - | - | - | | | | |
| 響灘<br>히비키나다<br>(14) | COD | | | | ↘ | | | | | | |
| | T-N | - | - | - | - | - | - | | ↘ | | |
| | T-P | - | - | - | - | - | - | | ↘ | | |
| 豊後水道<br>분고수도<br>(4) | COD | | | | | | | | | | |
| | T-N | - | - | - | - | - | - | | | | |
| | T-P | - | - | - | - | - | - | | | | |
| 別府湾<br>벳부만<br>(8) | COD | | | | | | | | | | |
| | T-N | - | - | - | - | - | - | ↘ | | | ↘ |
| | T-P | - | - | - | - | - | - | | | | |

( )속은 유입하천 수

↘ 감소경향    (빈칸) 경향 없음
(음영) 증가경향    - 데이터 없음

할 수 있다.

오사카만, 하리마나다 및 히로시마만과 같이 대도시에 인접하는 해역으로 유입하는 하천에서 감소경향이 뚜렷하였다. 이것은 대도시의 하수처리 정비가 진행된 이유 때문이라 할 수 있다. 그러나 아키나다에 유입하는 하천의 COD는 증가하였고, 수오나다에 유입하는 하천의 COD와 T-N 역시 증가하였다.

### 바. 세토내해의 표층퇴적환경

표층퇴적물의 T-P, T-N, TOC의 퇴적량과 해수의 T-P, T-N, COD의 농도를 평가하여 양적인 변화를 조사하였다. 이들 결과와 오염발생 부하량의 변화, 그리고 대형 저서생물의 분포와 변화양상으로부터 세토내해의 환경을 평가하였다.

#### 1) 퇴적물의 변화

표층퇴적물의 오염물질 농도는 오염현황을 파악하는 중요한 지표이지만, 부하량과 수질과 상호관계를 검토하기 위해서는 실제 그곳에 퇴적되어 있는 양이 어느 정도로 변화하는지를 파악하는 것이 중요하다. 그래서 표층 5cm 층의 퇴적량을 구하여, 그 변화를 검토하였다.

퇴적량의 계산은 星加와 塩沢[17]에 따라서 구하였다. 표층퇴적물에 포함하는 염분과 온도는 광역종합수질조사[16]에서 26년간 저층 염분과 수온의 평균값을 사용하였고, 표층퇴적물 입자의 비중은 星加 등이 오사카만에서 구한 표층 0~6cm의 측정값의 평균을 사용하였다. 본 조사에서 함수율은 시료를 3,000 rpm[6]에서 20분간 원심분리하여 측정[18]한 것이기에 별도의 무처리 시료와 원심처리 시료의 함수율 관계를 회귀식으로 구하여 무처리 시료의 함수율을 추정하였다. 각 조사정점의 면적은 인접한 정점과 관계로부터 경계를 구분하여 구하였다. 각 정점의 T-P, T-N, TOC의 농도와 면적을 곱하여 각 정점의 표층 5cm 퇴적물에 퇴적된 퇴적량을 계산하고, 이것을 적산하여 T-P, T-N, TOC의 퇴적량으로 하였다.

결과는 그림 49에 나타내었다. 각 해역에 따라 차이가 있지만,

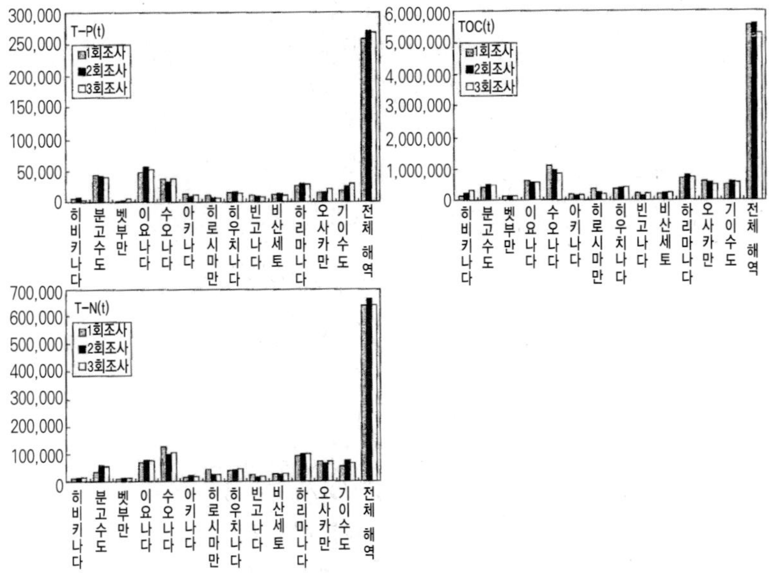


**그림 49.** 세토내해 각 해역 표층퇴적층(5cm)의 퇴적량의 변화.

6) 원심분리기의 분당 회전수를 나타내고 있음(revolution per minute, rpm)

세토내해 전체적으로는 다소 증가하는 것처럼 보이나, 계산의 오차를 고려하면 과거 20년간 퇴적량의 변화는 거의 없다고 생각된다.

표층 5cm층의 퇴적량이 감소한 정점을 그림 50에 나타내었다. 항목에 따라 경향이 다르지만 세 항목 모두 감소하는 해역은 하리마나다에서 수오나다의 연안해역이며, 특히 히로시마만과 수오나다에서 감소 경향이 명확하였다. 오사카만은 대부분 정점에서 T-N이 감소하고 있지만, T-P는 반대로 증가한 정점도 많았다. 한편, 펄 퇴적물이 거의 전역에 분포하는 벳부만은 모든 항목에서 감소하였다. 일반적으로 표층 퇴적물의 유기물 농도는 함니율(含泥率)과 정의 상관관계를 보이기에 퇴적량의 증가와 감소도 실토와 점토 등과 같이 세립한 펄 퇴적물의 함유량에 큰 영향을 받는다. 그래서 함니율이 변하지 않는 경우 이들 농도가 어떻게 변하는가를 검토하기 위해 1회와 2회 조사에서 함니율이 70%이상이면서 두 번의 조사에서 함니율 차이가 10% 이내의 정점을 선택하여 그림 51에 나타내었다. 오사카만, 하리마나다, 빈고나다, 히우치나다, 히로시마만 및 수오나다의 T-N, T-P 및 TOC의 퇴적량은 모두 감소하였다.

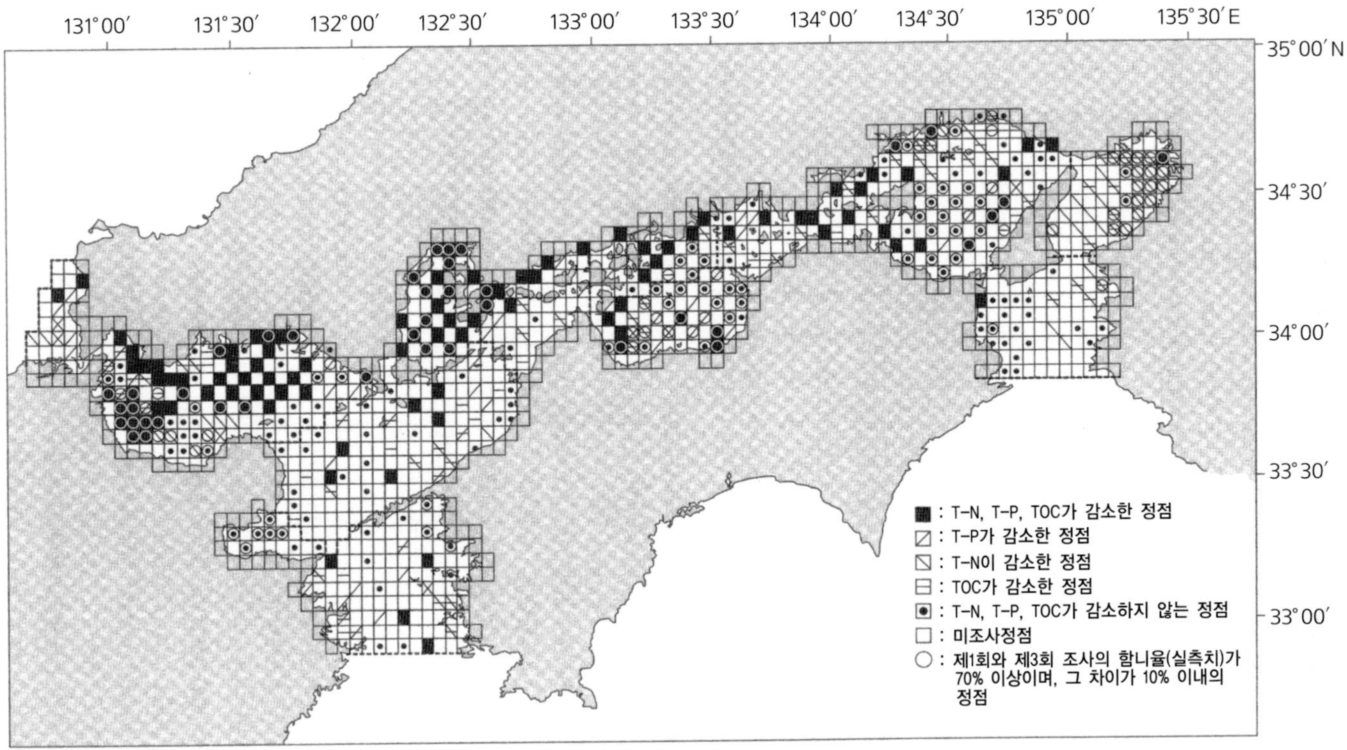


**그림 50.** 표층 5cm 퇴적층의 퇴적량이 감소한 정점.

### 2) 해수의 COD, T-P, T-N의 변화

#### 가) 수질의 변화 현황

세토내해 수질의 변화를 환경부가 실시한 광역종합수질보고[16]에 기초하여 검토하였다. 세토내해 전 해역의 상층과 저층의 결과를 이용하여 COD, T-N 및 T-P의 연평균 변화를 그림 51에 나타내었다. 모든 연도에서 다소간의 변화가 보였지만, 거의 일정한 경향을 보였다.

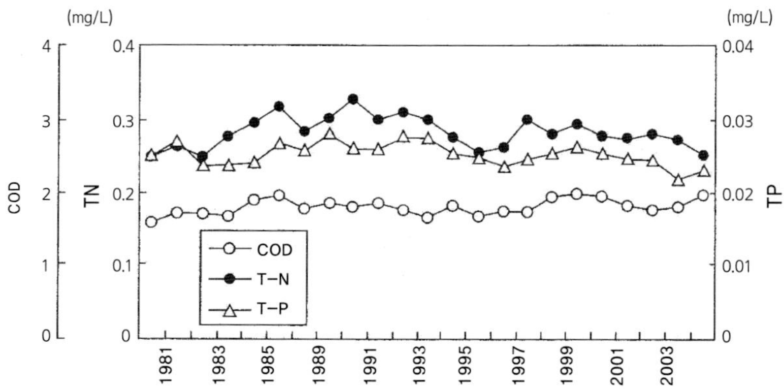


**그림 51.** 세토내해 전 해역에서 상층과 하층의 COD, T-N 및 T-P 평균농도의 경년변화.

다음은 1981~2000년도의 각 5년 마다와 2001~2003년도의 3년간에 걸쳐 해역별 상층의 평균값을 정리하여, 대표적인 항목으로 COD의 결과를 그림 52에 나타내었다. 오사카만 상층의 COD는 개선경향이 확인되었으며, 그림으로 표현하지 않았지만 클로로필 *a*, T-N 및 T-P도 같은 경향이었다. 다른 해역의 수질은 뚜렷한 변화가 없이 일정하였고, 클로로필 *a*는 하리마나다, 비산세토 그리고 히비키나다에서 점차 증가하는 경향을 보였다. 저층의 수질도 대부분 큰 변화가 없었다. 하지만, 오사카만 북부 정점에서는 감소하였고, 오사카만 남부정점은 변화가 없었거나 증가하는 경향으로 해역에 따라 변화경향이 다르게 나타났다.

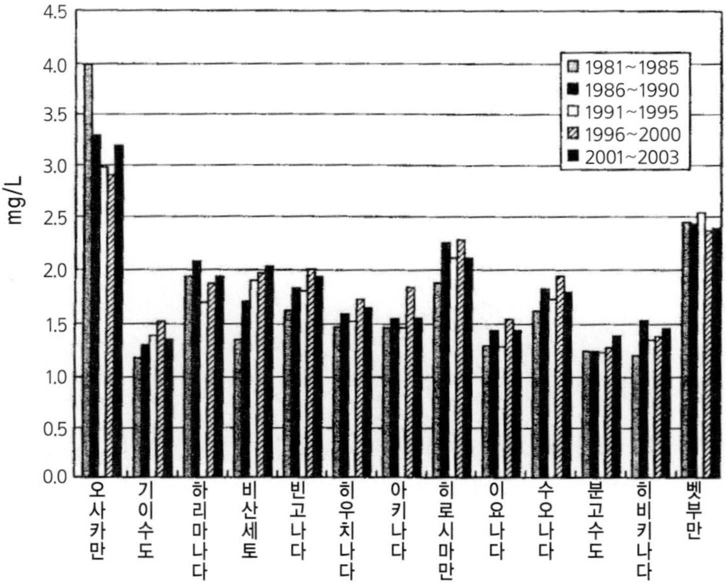


**그림 52.** 세토내해 각 해역의 상층 COD 평균값의 변화.

나) 해수의 현존량과 변화

해수의 COD, T-N 및 T-P 농도 역시 광역종합수질조사의 수질자료[16]을 사용하여 계산하였다. 1978년에서 2003년까지 총 26년간을, 1978~1980년도의 3년, 그 이후는 5년 간격으로 1980년대 전, 후반, 1990년대 전, 후반 그리고 2001~2003년도의 3년으로 총 6개 그룹으로 나누어 아래와 같이 계산하였다.

우선 각 정점의 상층 및 저층에 관해서 각 년 평균값을 6개 그룹으로 나누어 구하였다. 그리고 다시 상층과 저층을 각각 평균하여 각 해역의 대표 값을 구하였다. 그룹별 해역의 수심은 각 정점의 26년간 실측 수심을 평균하여 사용하였다. 평균 수심과 각 그룹 해역의 면적으로 각 해역의 표영 환경의 용량을 계산하였고, 구한 용량에 COD, T-N 및 T-P의 평균 농도를 곱하여 각 그룹 해역의 유기물의 현존량을 구하여, 해역별로 적산하였다. 그리고 벳부만의 관측점은 만 안쪽의 1개 정점뿐이기에, 이요나다에 포함시켰다. COD, T-N 및 T-P 현존량의 변화를 그림 53에 나타내었다.

세토내해 전체에서 COD 현존량은 증가하였고, T-P 현존량은 감소한 후 증가하지만, 1995년 이후 재차 감소하였다. T-N 현존량은 크게 감소한 다음 점차 증가하지만, T-P와 같이 1995년 이후 재차 감소하는 경향을 나타내었다(그림 53). 각 분석 항목에 따른 해역별 변화는 COD 현존량의 경우, 기이수도, 오사카만, 하리마나다 및 분고수도에서는 변화없이 일정한 경향을 보이나, 기타 해역에서는 증가하는 경향을 나타내었다. 특히 비산세토는 1978년~1980년에 비하여 2001~2003년은 약 3배 증가하였다. T-P 현존량은 하리마나다, 이요나다 및 분고수도에서 점차 증가하는 경향을 보지만, 오사카만과 기이수도에서는 감소하였다. 그리고

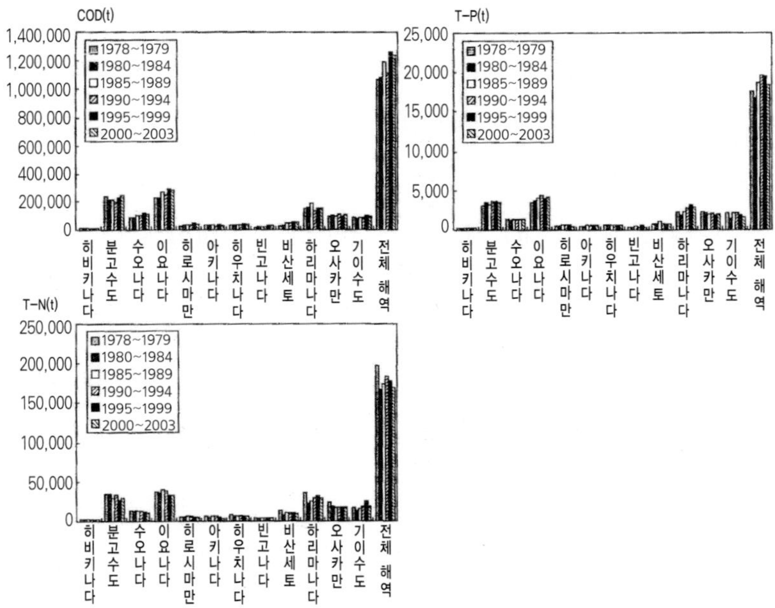


**그림 53.** 세토내해의 해역별 해수에 포함된 COD, T-P 및 T-N의 현존량 변화.

T-N 현존량은 장기적으로 오사카만을 시작으로 대부분의 해역에서 감소하는 경향을 보이지만, 기이수도와 하리마나다에서는 감소한 다음 증가하였고, 재차 감소하는 경향을 나타내었다.

세토내해 전 해역의 COD 평균농도는 거의 일정하였지만, 현존량은 증가하였다. 오사카만은 북부 상층의 COD 농도가 현저히 감소하였고, 상층과 하층의 평균농도도 감소하는 경향을 보였다 하지만, 오사카만 남부의 5개 정점의 상층과 하층의 평균농도는 변화가 없거나 약간 증가하였다. 현존량은 농도와 용적을 곱한 것이기에 용적이 작은 오사카만 북부의 현존량의 감소보다 용적이 큰 오사카만 남부의 농도 증가가 오사카만 전체의 현존량에 영향을 주어, COD 현존량의 감소는 나타나지 않았던 것으로 판단된다. 세토내해 전 해역에서도 용적이 큰 이요나다의 영향으로 세토내해 전체의 COD 현존량이 증가하는 원인이 되었다.

다) 강수량과 관계

세토내해 연안을 접하는 11개 부와 현의 1981년에서 2003년까지 지역기상시스템(AMeDAS, Automated Meteorological Data Acquisition System)[7]에 의한 강수량과 수질의 경년변화를 검토하였다. 년 강수량은 1994년 870mm에서 1993년 2,060mm까지 2.4배의 차이로 큰 폭의 변화를 보였다. 강수량에 따라 하천유량은 변화되지만, 수질의 농도는 유량의 증가와 함께 증가하는 항목과 감소하는 항목이 있었다. COD, T-N 및 T-P는 유량증가에 따라 농도도 증가하는 것으로 알려져 있다[19]. 이에 따라 강수량이 많으며, 세토내해로 유입되는 하천의 COD, T-N 및 T-P 농도와 유입 부하량이 증가하여 세토내해 수질도 변화할 것으로 판단된다. 그러나 매년 자료의 변동은 크며, 강수량이 많은 해에도 COD, T-N 및 T-P 농도는 증가하기도 하지만, 감소하는 경우도 있어, 강수량과 세토내해 수질 사이에서 일정한 관계를 발견할 수는 없었다. 하천에서 유입하

7) 비, 바람, 구름 등의 기상상황을 실시간으로 세분화된 지역별로 감시하기 위하여, 강수량, 풍향, 풍속, 기온, 일조시간의 관측을 자동적으로 실시하여, 기상재해의 방지 또는 저감에 중요한 역할을 하고 있다.

는 물질의 농도는 하구역과 해역의 변화에 따라 달라진다. 더욱이 홍수시 유입되는 물질의 농도와 유입량은 물론, 해역으로 유입된 물질의 거동도 일반적인 해역에서의 거동과 차이를 보인다. 따라서 앞에서 설명한 광역종합수질조사와 같이 년 4회의 결과를 바탕으로 해석한 수질의 장기변동을 강수량과 해역의 수질변화 사이에 대입하여 평가하는 것은 무리가 따른다고 판단할 수 있었다[8].

라) 표층퇴적물에서의 용출량

세토내해의 T-N 및 T-P 농도와 현존량에 대하여 검토할 경우, 육지로부터 부하와 함께 표층퇴적물에서 용출되는 양도 고려하여야만 한다. 塩沢 등[21]은 1980년대 전반부에 실시한 현장 용출장치에 따른 관측과 실내실험에서 얻어진 질소 용출량은 연간 4,600~8,600 t/년이며, 인 용출량은 16,000~28,000 t/년으로 보고하였다. 山本 등[22]은 무기질소와 무기인의 용출량을 보고하여, 퇴적물에서 용출되는 무기질소의 양은 육지에서 유입되는 부하량의 15~100%에 해당하는 것으로 추정하였다.

표층퇴적물에서 질소와 인의 용출 속도에 관해서 塩沢 등[21]은 여름 성층기에 빨라지고, 겨울 혼합기에 느려지는 것을 보고하고 있다. 특히 인은 해저수층의 빈산소화의 정도에 따라 가속되는

8) 홍수 등 외부에서 다량의 담수가 해역으로 유입되는 경우는, 해역에서 해수유동이 변화하기에 유동변화에 따른 물질의 거동변화가 동시에 해석되어야만 하지만, 정기적인 관측결과로서는 이와 같은 내용 파악이 어렵게 된다.

결과를 보고하였다. 그리고 山本 등[22]은 1993년에서 1994에 걸쳐 실시한 년 4회 조사에서 6월에 최소의 용출량을 보였고, 태풍에 의해 유기물 유입부하가 많았던 10월에 높은 용출속도를 보고하였다. 하지만 계절적인 경향은 일치하지 않았다. 광역종합수질조사보고[16]를 토대로 하여 이들 영양염의 계절변화를 보면, 7월 빈산소가 진행되는 시기에 인 농도는 증가하여, 저층의 용존산소(溶存酸素, Dissolved Oxygen, DO) 농도가 인의 용출에 밀접한 관계를 나타내는 것으로 판단되었다. 저층의 DO농도의 경년변화는 각 해역에서 큰 변화가 없거나, 경시적으로 개선되는 경향을 보였고, 표영 환경 전체로는 변화가 없어, 지난 20년 동안 DO감소에 따른 표층퇴적물에서의 인 용출량이 증가하였다고 보기는 어렵다. 塩沢 등[21]에 따르면 질소 용출량의 증가는 보이지 않고, 수질의 COD의 경년변화도 없기에, 유기물의 분해에 따른 기여도가 크다고 할 수는 없다.

山本 등[22]은 세토내해의 해수교환은 15개월 정도로 육지에서 부하가 감소한다면, 세토내해의 수질도 점차로 외해역과 같은 농도까지 감소할 것이라고 보고하였다. 柳[23]는 세토내해 전 해역에서 T-P 평균 체류시간을 9.2개월, T-N은 8.9개월로 보고하였고, 육지에서 T-N 및 T-P 부하량을 각 18%와 27% 삭감에 따라 세토내해 수질이 적정농도 수준까지 감소할 가능성이 있음을 보고하였다.

이와 같이 세토내해의 오염발생 부하량과 유입하천 수질의 농도는 감소하고 있고, 표층퇴적물에서 용출도 증가하지 않고 있기에, 장기적으로 세토내해 수질은 개선을 기대할 수 있을 것으로 판단된다.

### 사. 표층퇴적 환경의 변화와 오염부하량 저감 대책

세토내해의 수질 및 표층퇴적 환경의 변화와 오염부하량의 저감 대책을 검토하였다. 지금까지 설명한 것처럼 COD, T-N 및 T-P의 발생 부하량은 해역이나 지방정부에 따라 다소 차이가 있지만, 전체적으로는 감소하고 있다. 이는 유입 하천수의 부하농도가 통계적으로 유의적인 감소경향을 보이고 있기 때문이다.

표층퇴적물의 농도는 IL, TOC, T-N은 통계적으로 유의적인 감소 경향이 보이나, T-P는 통계적 유의성은 없고, 절대농도에서 다소 감소하였다. 그러나 T-S는 증가하였다. 해역별 퇴적량은 펄 퇴적물이 넓게 분포하는 오사카만, 하리마나다, 빈고나다, 히로시마만, 수오나다에서 T-N, T-P 및 TOC는 감소하는 정점이 많았다. 그리고 해저층의 용존산소는 벳부만을 제외하면, 거의 변화가 없거나 증가하는 경향을 보여, 표층퇴적물에서 인의 용출량은 증가하지 않을 것으로 판단되었고, 질소에 대해서도 같은 경향을 보일 것으로 판단된다.

대형 저서생물에서는 서식환경의 악화를 나타내었다. 대형 저서생물의 서식환경의 지표가 되는 총 황화물량(T-S)은 하리마나다와 같이 큰 폭으로 감소한 해역도 있지만, 대부분 해역에서 평균

값이 증가하였고, 최대값이 증가한 해역도 있어, 대형 저서동물의 서식에 나쁜 영향을 미칠 가능성이 있다. 앞으로도 대형 저서동물과 서식 환경의 관계를 더욱 심도 있게 검토할 필요성이 있다.

門谷[24]는 세토내해 부영양화의 주요 원인을 육지로부터 유입되는 영양염으로, 이들 영양염은 해역의 생물과정에 중요한 역할을 담당한다고 보고하고 있다. 최근 세토내해에서 *Chattonella* 속이나 *Alexandrium* 속과 같은 유해적조 생물종의 출현밀도의 감소와 같은 플랑크톤의 천이는 1970년대 후반 이후의 질소와 인 배출규제에 따른 육지에서 부하량이 감소하는 것에 따른 해양생물의 직접적인 응답으로 평가할 수 있다.

이상의 세토내해 각 해역의 수질 및 표층퇴적물의 경시적인 변화양상을 종합적으로 보면, 오사카만과 같이 고도경제성장에 의해 해양오염이 많이 진행되었던 해역에서 질소와 인과 같은 영양염과 유기물량이 감소하는 경향을 명확하게 보여주었다. 이와 같은 결과는 지금까지 세토내해 해역을 대상으로 한 육상 오염부하량의 저감대책에 효과가 있는 것으로 평가되며, 세토내해의 수질환경개선을 위해서 육지에서의 오염부하량 저감대책은 매우 중요함을 실감할 수 있다.

# 참고문헌


[1] (社) 瀬戸内海環境保全協会, 1988. 昭和62年度環境庁委託業務結果報告書瀬戸内海環境情報基本調査(総合解析編), 156p.

[2] (社) 瀬戸内海環境保全協会, 1997. 平成8年度環境庁委託業務結果報告書瀬戸内海環境情報基本調査(総合解析編), 286p.

[3] (社) 瀬戸内海環境保全協会, 2006. 平成17年度環境庁委託業務結果報告書瀬戸内海環境情報基本調査(総合解析編), 148p.

[4] Wentworth, C.K., 1922. J. Geology, 30, 377-392.

[5] 山本民次, 松田治, 橋本俊也, 妹背秀和, 1990. 沿岸海洋研究, 36, 171-176.

[6] 水産庁, 1979. 昭和54年度漁場改良復旧基礎調査報告書.

[7] 水産庁, 1980. 昭和55年度漁場改良復旧基礎調査報告書.

[8] 水産庁, 1981. 昭和56年度漁場改良復旧基礎調査報告書.

[9] 水産庁, 1982. 昭和57年度漁場改良復旧基礎調査報告書.

[10] 水産庁, 1984. 昭和59年度漁場改良復旧基礎調査報告書.

[11] 南西海区水産研究所など, 1976. 伊予灘に関する総合研究報告書.

[12] 日本水産資源保護協會, 2005. 関西空港漁業影響調査報告書.

[13] (社) 瀬戸内海環境保全協会, 2005. 瀬戸内海の環境保全ー資料集-, 163p.

[14] 農林水産省ホームページ, 農業センサス累年統計書全國農業地域・都道部県別統計表農家調査農作物・家畜.
(http://www.maff.go.jp/census/past/stats_n.html)

[15] 建設省都市局下水道部, 1983. 流域下水道整備総合計画調査指針と解説, 日本下水道協会.

[16] 環境省ホームページ, 水環境総合情報サイト
(http://www.env.go.jp/water/mizu_site/index.html).

[17] 星加章, 塩沢孝之, 1982. 中国工業技術試験所報告, 18, 9-18.

[18] 環境庁, 1988. 低質調査方法, 環水管第127号環境庁水質保全局長通知.

[19] 國松孝南, 村松浩爾(編), 1989. 河川汚濁のモデル解析, 情報堂出版, 266p.

[20] 星加章, 谷本照巳, 三島康史, 2000. 中国工業技術試験所報告, 54, 13-19.

[21] 塩沢孝之, 川名吉一郎, 山岡到保, 星加章, 谷本照巳, 滝村修, 1984. 中国工業技術試験所報告, 21, 13-43.

[22] 山本民次, 松田治, 橋本俊也, 妹背秀和, 北村智顕, 1998. 海の研究, 7, 151-158.

[23] 柳哲雄, 1997. 海の研究, 6, 157-162.

[24] 門谷茂, 2006. 沿岸海洋研究, 43, 151-156.

(駒井幸雄, Komai Yukio)

제 6 장

# 세토내해 퇴적층에서 인과 질소의 용출

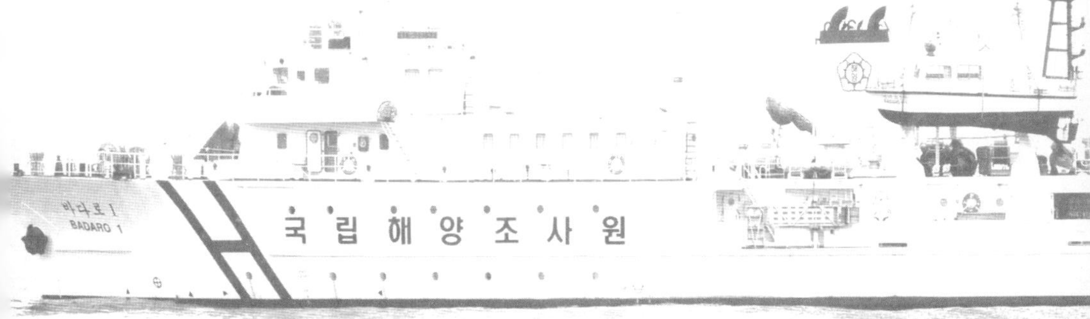

앞쪽사진 부산 신항만 공사에 필요한 골재자원을 확충하기 위해 우리나라 남해의 배타적 경제수역(EEZ)에서 실시되는 바다모래 채취가 해양환경 및 생태계에 미치는 영향을 조사하기 위해 2008년과 2009년 사용했던 국립해양조사원 바다로 1호

# 1. 서언

세토내해 환경보존 특별조치법에 의해 1980년부터 해역으로 유출되는 인의 부하 저감 지도가 실시된 이후 약 30년이 경과하였다. 1995년부터는 질소도 저감 지도의 대상이 되었고, 2000년 제5차 수질총량규제에 따라 인과 질소도 COD와 같이 총량규제의 대상이 되었다. 특히 인에 관해서는 오랜 기간 저감대책이 이루어져 하천수의 인 농도는 명확한 감소하였다[1]. 이러한 감소현상은 히로시마만에 유입되는 오타(太田)강에서 가장 먼저 보고되었고[2], 최근에는 다른 하천에서도 유사한 현상이 보고된다(제5장 참고)[3].

세토내해 해수의 총 인(T-P; Total Phosphorus)과 총 질소(T-N; Total Nitrogen) 농도는 부영양화가 현저히 진행된 오사카만을 제외하면, 거의 변화가 없다. 그러나 이와 같은 내용을 해수에서 존재하는 모든 형태를 합으로 표현되는 T-P와 T-N로 접근하는 것에 문제가 있다. 그리고 이외에도 총 인과 총 질소로 환경개선을 접근하는 것에 여러 가지 문제를 제기할 수 있으며, 그 중에 가장 대표적인 것이 퇴적층에서 용출이 문제이다. 세토내해의 퇴적물은 고도 경제 성장기에 육지에서 다량으로 배출된 유기물과 세도내해 해역에서 자체 생산된 유기물이 쉽게 분해되지 않고, 퇴적되어 지속적으로 분해된다.

유기물은 자연계의 세균에 의해 분해되기 쉬운 물질에서 분해가 어려운 물질 등 매우 다양한 종류로 구성된다. 이 장에서는 분해되기 쉬운 유기물을 이분해성(易分解性)으로, 분해하기 어려운 유기물을 난분해성(難分解性)으로 구분하여 명명한다. 그러나 다양한 종류의 유기물을 단순하게 두 가지 형태로 구분할 수는 없다. 해저는 상층의 표영 환경에서 침강되는 유기물이 분해가 이루어지는 곳으로 대부분은 이분해성 유기물이기에 실제 퇴적되는 유기물의 비율은 낮다. 그러나 일단 미세한 입자가 퇴적되면, 퇴적물 내의 물질이동은 분자 확산 수준에 그치기에 유기물의 분해에 필요한 산소공급이 제한된다. 이에 따라 분해효율이 나쁜 혐기성 분해가 지배하는 환경이 되기에 유기물 분해에는 많은 시간이 필요하다.

본 장에서는 인과 질소의 용출과정에 대한 생물, 화학 및 물리적인 과정을 설명하고, 용출 속도의 산출방법과 그에 따른 문제점을 고찰한다. 또한 지금까지 세토내해의 인과 질소의 용출속도에 대해 발표된 내용에 대해서도 고찰한다.

## 2. 퇴적물에서 인과 질소의 용출 과정

퇴적물 간극수(間隙水, interstitial water)[1)]의 용존 물질의 시간변화는 다음과 같은 식으로 나타낼 수 있다[4][5].

1) 퇴적물 입자사이에 존재하는 물로서 공극수라고 하기도 한다.

$$\partial C/\partial t = f - D_s \partial^2 C/\partial z^2 + w \partial C/\partial z - k(C_z - C_{eq}) \quad (1)$$

여기서 퇴적물 깊이 $z$(m)의 해저 퇴적물에 존재하는 용존물질의 농도($C$)에 대한 시간변화($t$, 초)로서 $z$의 위쪽을 취하며, $f$는 용존물질의 생성속도, $D$는 공극률 등을 고려한 실제적인 확산계수($m^2$/초)이며, $w$는 생물교란에 따른 간극수의 이류속도(m/초)이다. $C_z$와 $C_{eq}$는 퇴적층에서 일어나는 흡착 등의 일차반응을 가정한 경우, 간극수 중의 초기 물질농도 및 퇴적층에서 반응하여 평형상태로 된 경우의 물질농도(mol/$m^3$)이며, $k$(/초)는 정수이다. $k$는 잘 모를 경우가 많다. 또한 이 식의 제2항(산란)과 제3항(이류)을 구별하는 것이 곤란할 때는 생물 확산계수(biodiffusion coefficient, $D_b$, $m^2$/초)와 합해 생각한다. 나중에 설명하지만, 생물의 활동이 활발한 경우는 물리적 확산보다 생물적 이류가 높을 것으로 생각된다.

산화・환원전위에 민감하게 반응하는 인산염에서는 제4항을 무시할 수 없다. 인산염은 산소가 있는 표영환경(pelagic environment)에서는 수산화철과 공유결합을 하여 인산철이 되며, 인산철은 산소가 없는 간극수에서는 황산 환원에 의해 생성된 황화수소와 철이 반응하여 황화철이 되기 때문에 나머지 인산염을 용출시키게 된다(그림 54). 이것은 철(Fe), 인(P) 및 황(S)의 3가지 원소에 의한 반응으로, 여기에서는 [Fe-P-S 반응]이라고 정의한다. 세토내해의 폐쇄적 해역의 퇴적물은 보통 환원 환경을 보이기에, 간극수에 높

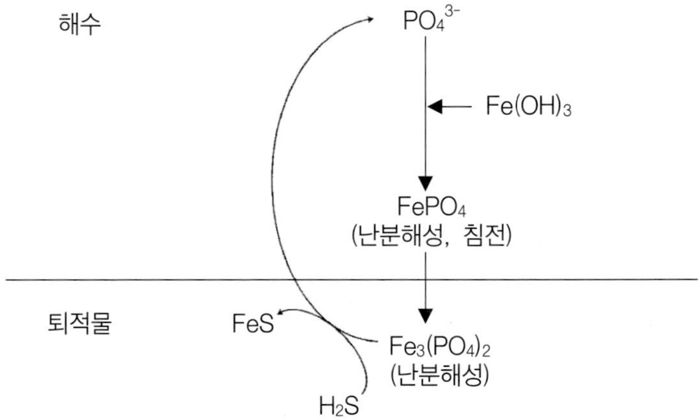


**그림 54.** 해수와 퇴적물의 Fe-P-S 반응. 해수의 인산염은 수산화철에 흡착하여 인산철의 형태로 퇴적물에 축적되지만, 환원 환경이 되어 황화수소가 발생하면 철은 황과 결합하여 황화철이 되고 동시에 인산염이 용출된다.

은 농도로 인산염이 존재하지만, 퇴적물 바로 위까지 용존산소 공급이 원활한 계절에는 퇴적물에서 인산염의 용출되는 것이 제한될 것이다. 여름 저층에 빈산소 수괴가 형성되는 해역은 퇴적물에서 인산염의 용출되지만, 퇴적물 바로 위의 산화 환경을 보이는 표영 환경에 인산염 농도가 매우 낮다. 이와 같은 이유로서 인은 퇴적물에 존재하여 축적되는 경향이 있어, 표영 환경의 일차생산에 기여하는 정도는 낮아, 종종 표영 환경의 일차생산에 제한인자(制限因子, limiting factor)로 작용하는 경우가 많다. 이와 같은 본래의 인 거동 특성에 추가하여, 세토내해에서는 인 부하 저감대책이 선행된 것에서 표영 환경의 인 제한은 매우 강하게 표출되고 있다[6].

## 3. 퇴적층에서 인과 질소의 용출 속도 산출방법

퇴적물에서 인과 질소의 용출 속도를 산출하는 방법에는 계산에 의한 간접적인 방법과 실측에 의한 직접적인 방법이 있다. 이들 방법에 대해 설명한다.

### 가. 농도구배에 의한 계산방법

간접적인 산출 방법에서 비교적 폭넓게 사용되는 것은 퇴적물의 용존물질의 농도 구배를 측정하여 다음의 Fick 확산 방정식을 이용하여 계산하는 것이다.

$$J = \Phi D' (\partial C / \partial z) \qquad (2)$$

여기에서 Φ는 공극률, D'는 퇴적물 전체에 대한 확산계수이며, 물질에 따라 분자의 크기가 다르기 때문에 분자 확산계수는 다르다. 공극률은 채집한 퇴적물의 습중량($W_MW$), 건중량($D_MW$)과 건조퇴적물의 체적($D_MV$)을 측정하여 다음의 식에서 구할 수 있다.

$$\Phi = \rho / \rho \{ + (1 - \omega) / \omega \} \qquad (3)$$

여기에서 ρ는 퇴적물의 밀도(kg/m$^3$; $\rho = D_MW / D_MV$), ω는 퇴적물의 함수율($\omega = (W_MW - D_MW) / W_MW$)로, 세부적인 것은 山本[7]을 참고하기 바란다.

일반적으로 중력코아채니기(gravity core sampler)를 이용하여 주상퇴적물을 채집하고, 위에서 1cm씩 3개 층으로 나누어, 각각의 퇴적물에 포함된 물질의 농도를 구하고, 각 층의 농도 구배에 대하여 위식을 이용하여 용출속도를 계산하는 방법이 이용된다[8]. 퇴적물 간극수에서 용존물질의 농도구배는 환원상태에서 농도가 높은 암모니아염 등은 퇴적물 표층보다 깊은 퇴적층에서 농도가 높기에 계산하기 쉽다. 그러나 질산염과 같은 산화형 물질은 표층에서 농도가 높고 밑으로 갈수록 낮아지기에 수송(flux)은 아래를 향한다. 이러한 거동은 퇴적물에서 질소의 변화 과정을 고려하면 아주 정상적인 내용이다. 즉 아래층에서 암모니아염으로 존재하는 질소가 퇴적물 위의 해수에서 산소공급이 있기 때문에 질산화가 진행되는 것이다. 따라서 농도구배에서 계산된 암모니아염에서 위로 향하는 수송(flux) 중, 진정으로 암모니아의 형태로 퇴적물 위의 표영환경 저층으로 용출하는 양은 용출에 의한 것만이 아니기에 과대평가 될 수 있다. 한편 질산에 대해서는 아래로 향하는 수송(flux)이라 할지라도 특별히 문제가 되지 않지만, 질산화 과정에서 생성되는 질산염은 탈질되어 빠져나가기에 퇴적물의 질산염 농도가 특별히 높아지지는 않는다.

생물의 작용에 관해서는 나중에 설명하겠지만, 퇴적물에 서식하는 생물활동이 활발할 경우와 저서 미세조류에 따른 광합성 활동으로 퇴적물 내로 산소가 공급된다면, 퇴적물 중의 영양염류의 수직분포는 큰 영향을 받게 된다. 따라서 퇴적물의 영양염 농도를 측정하여도 기대하는 직선적 농도구배를 구하지 못하여 해석을 어려운 경우도 종종 있다.

물은 액체이지만, 퇴적물은 고정된 고체이기에 이론적으로는 퇴적물에 접하여 있는 물은 움직이지 않는다고 생각해도 좋다. 물이 움직이지 않기 때문에 용존물질의 수송도 분자확산 수준에 있게 된다. 이 층을 확산경계층(擴散境界層, diffusive sublayer)이라 하며, 층의 두께는 약 1mm 정도이다[4]. 용존물질의 용출 제한은 퇴적물 내에서가 아니라 확산경계층에서도 똑같이 발생한다. 그림 55(a)는 퇴적물 내에서 확산제한, 그림 55(c)는 확산경계층에서 확산제한(율속(律速), rate controlling)[2]. 그리고 그림 55(b)는 앞의 두 가지가 모두 관련되는 경우의 확산경계층의 상태를 나타내었다. 용존 무기인과 질소는 이러한 연직분포를 나타낼 것으로 생각되며, 반드시 물질의 농도를 퇴적물 내에서만 측정하는 것이 아니라 퇴적물 내의 농도와 퇴적물 바로 위 저층의 농도를 측정하여, 각각의 농도구배에서 계산하는 것도 가능하다. 그림 55에 나타낸 것과 같이 확산경계층의 존재를 고려한다면, 후자의 방법이 더 좋을 수도 있다고 생각된다.

### 나. 실측법

용출속도의 측정은 의와 같은 간접 계산방법 이외에도 직접적으로 측정하는 방법도 있다. 본 항에서는 일반적으로 사용되는 실측법에 대하여 설명한다.

---

2) 여러 요인에 의해 결정되는 반응속도에서, 전체 반응시간은 반응을 구성하는 부속적 요인의 반응에서 가장 느린 반응의 속도에 지배된다.

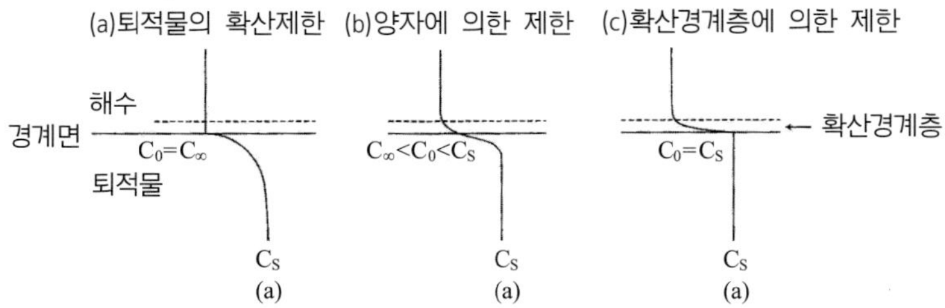


**그림 55.** 퇴적물에서 확산 및 용출하는 물질의 농도구배에 관한 3가지 유형. (a) 퇴적물 내부의 생물 및 화학적 과정이 용출의 율속이 되는 경우, (c) 확산 경계층에서 확산과정이 율속이 되는 경우, (b) 두 가지 형태가 서로 관계하는 경우[4].

현장에서 교란이 발생하지 않게 중력 코아를 이용하여 퇴적물을 채집하여 선박이나 육상에서 현장과 같은 온도와 광 조건으로 배양하는 방법[9][10]과 현장 퇴적물에 챔버(chamber)를 덮어 측정하는 방법[11][12]이 있다. 이와 같은 폐쇄계 실험(배치 배양법)에서는 단순히 표본을 움직이지 않게 고정하는 것이기에, 유기물 분해를 담당하는 세균에 대한 기질 및 전자수용체의 공급이 제한되어, 생성된 용존물질의 확산을 낮게 하는 위험이 있다. 또한 물의 교환이 없기 때문에 정치되는 시간과 함께 표층퇴적물 바로 위 해수의 물질 농도가 높아져 용출 속도를 늦게 하여, 산소공급이 없는 환원 환경으로 변화시키기에 환원형 물질의 용출은 과대 평가되는 반면, 산화형 물질의 용출은 과소 평가될 가능성이 높다. 인산염과 암모니아염은 전자인 환원형 물질에 해당되며, 질산염은 후자인 산화형 물질에 해당한다.

이상에서 퇴적물 바로 위의 해수 유동을 차단하여 배치 배양법으로 오랜 시간 용출 실험을 수행할 때에는 결정적인 오류가 발생할 수 있기에, 폐쇄계 실험은 단시간에 종료하던지, 아니면 실험 초기의 값을 이용하여야만 한다[4].

실험에 유동을 부여함에 따라 퇴적물의 산소소비 속도는 증가하여[13], 수송(flux)이 증대하였다는 보고가 많다[14][15]. 미소 산소전극을 사용한 측정에서는 퇴적물 위의 해수에 유동을 부여한 것만으로 퇴적물의 깊은 곳까지 산소가 침투하는 것이 알려진다[16]. 또 유동을 주는 것에 의해 산소가 공급되어, 간극수 내의 암모니아염은 산화되어 질산염으로 용출하거나 탈질소화가 진행되어 질소 가스로 방출되기도 한다[17]. 따라서 주상퇴적물을 이용하여 실측할 때에는 현장의 조건에 조금이라도 유사하게 하기위해, 퇴적물 위의 해수에 유동을 주던지, 해수 교환을 시킬 필요가 있다. 이와 같은 이유로 최근에는 유동을 부여하는 방법이 이용되고 있지만, 유동의 강도에 대한 검토는 충분하지 않아, 통상 퇴적물 표면의 입자가 빨려들지 않을 정도의 임의적 유동을 마그네틱 막대 등을 이용하여 만드는 경우가 많다[18][19][20].

저자는 퇴적물 바로 위 해수의 순환속도를 현장의 표영 환경의 열 수지에서 계산하여, 연속배양 실험계를 공급한다는 이론적인 방법을 제안하였다(그림 56)[21]. 이 방법은 단순히 배치 배양계에 유동을 만드는 것이 아니라 퇴적물과 인접하는 저층해수를 채수하여 온도 및 산소 농도를 구하고 이를 실험계에 반영하여 순환시킨다(flow-slew 실험법이라고도 한다). 이 때 해수교환율은 해저 퇴적물과 인접하는 저층수 해수의 교환율을 적용하기 위하여 현장의 수온을 측정하고, 연직분포를 파악하여 미리 계산하여 둔다.

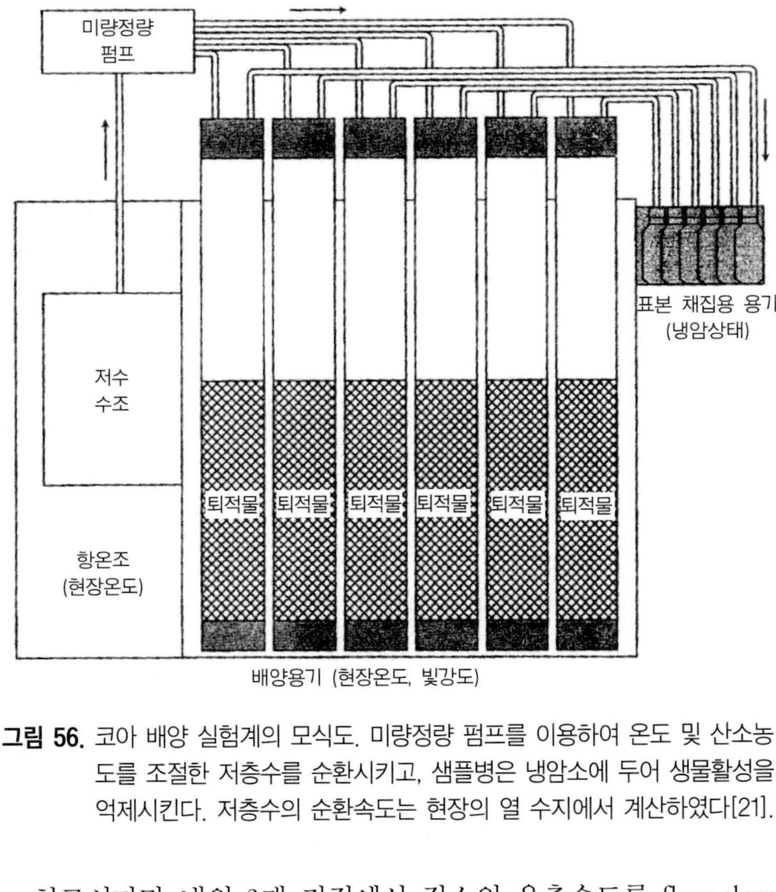


**그림 56.** 코아 배양 실험계의 모식도. 미량정량 펌프를 이용하여 온도 및 산소농도를 조절한 저층수를 순환시키고, 샘플병은 냉암소에 두어 생물활성을 억제시킨다. 저층수의 순환속도는 현장의 열 수지에서 계산하였다[21].

히로시마만 내의 3개 지점에서 질소의 용출속도를 flow-slew 실험법과 앞에 설명한 퇴적물과 해저 퇴적물 인접해수의 농도구배에서 계산한 결과를 표 5에 나타내었다[21]. 농도구배에서 계산은 확산경계층의 두께를 1mm로 가정하여 계산하였다. 주상퇴적물의 채집은 퇴적물 교란이 없는 멀티플채니기(multiple corer)인 아슈라(Assura, Rhigosa(離合社)제; 그림 57)를 이용하였기 때문에, 표층퇴적물의 교란 없이 주상퇴적물이 체집되었고, 동시에 3~5개로 복수의 주상퇴적물을 이용하여 실험하였다. 보기에는 교란이 없어 보이나, 얻어진 자료의 표준편차는 크게 나타나는 것으로부터 현장 퇴적물의 불균일성은 높게 나타났다. 농도구배를 이용한 계산은 한 개 표본에 대해서만 실시되었기에, 표본 사이의 편차는 알 수 없었다.

**표 5.** flow-slew 실험법과 해수-퇴적물의 농도구배에서 계산한 결과와의 비교

| 측정일 | 측정장소 | 항목 | | |
|---|---|---|---|---|
| | | $NH_4$–N | $NO_3$+$NO_2$–N | DTN |
| 1992. 7. 6 | 에타지마(江田島) | -0.37±1.4(n=3) | 0.81±0.14(n=3) | ND |
| | 히로시만 중앙 | 0.66 | 0.048 | ND |
| 1992.10.15 | 에타지마(江田島) | 0.89±0.73(n=4) | 0.73±0.48(n=4) | ND |
| | 히로시만 중앙 | 1.9 | 0.19 | ND |
| 1993. 1.20 | 에타지마(江田島) | 6.9±3.3(n=3) | ND | ND |
| | 히로시마만 중앙 | 0.86 | 0.0046 | ND |
| | | 4.5 | 0.53 | ND |
| 1995.10.16 | 히로시마(廣島)만 | -1.4±0.65(n=5) | 1.7±0.73(n=5) | 13±1.2(n=5) |
| | 북부중앙 | 0.36 | 0.0013 | ND |
| 1995.10.17 | 히로시마((廣島)만 | 0.38±0.37(n=5) | 0.69±0.06(n=5) | 12±5.9(n=5) |
| | 북부중앙 | 0.073 | 0.0018 | ND |

ND: no data, 결과값의 윗행: flow-slew 실험법, 아래행: 농도구배. 1993.1.20의 가장 아래행 해수의 유동이 없는 조건의 값.

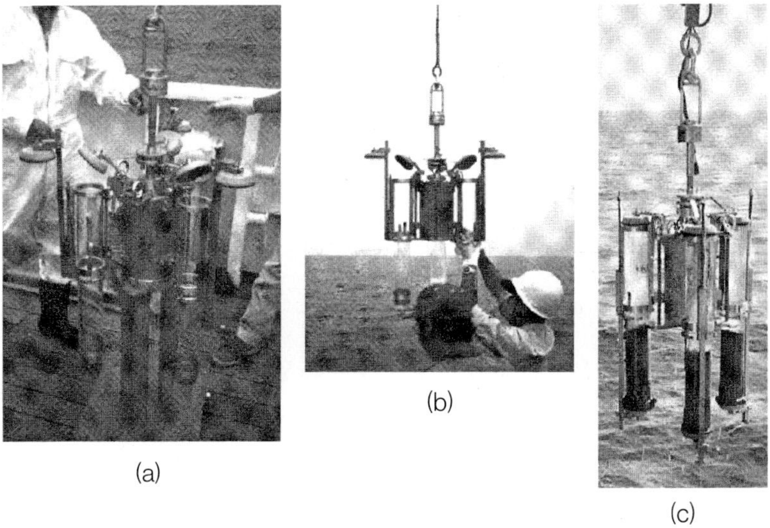


**그림 57.** 멀티플채니기, 아슈라.
(a) 채니기 본체, (b) 채집관 장착, (c) 채집된 주상퇴적물 모습.

암모니아염의 용출속도는 농도구배에서 계산된 값이 양의 값을 보이나, flow-slew 실험법에서는 음의 값을 보이기도 하였다. 한편, 질산염+아질산염은 양쪽 방법 모두 양의 값을 보이나, flow-slew 실험법에 의한 값이 농도구배에서 계산한 값보다 컸다. 따라서 암모니아염은 퇴적물 내의 농도가 저층 퇴적물 인접 해수의 농도 높아, 농도구배에서 계산하면 양의 값이 보이나, 실제는 질산으로 산화되어 용출되는 것이 flow-slew 실험결과에서 관찰되었다. 즉 암모니아염과 질산염+아질산염의 합인 용존 무기질소(溶存無機窒素, Dissolved Inorganic Nitrogen, DIN)는 두 방법 사이에 큰 차이는 없었다.

flow-slew 실험법에서 얻은 중요한 내용은 용존 총 질소(溶存總窒素, Dissolved Total Nitrogen, DTN)[3]의 용출량은 용존무기질소에 비하여 10 배정도 높다는 것이다. 지금까지 용존무기화합물(영양염류)의 용출에 대한 관심이 높았지만, 연안해역에는 용존유기물을 이용하는 식물플랑크톤 종이 많이 존재하기 때문에[22], 퇴적물에서 용출된 물질은 표영생태계에서 식물플랑크톤 등 부유생태계에 미치는 영향을 고려하면, 용존유기물의 용출량에 대해서도 고려해야 할 것으로 판단되었다.

## 4. 생물에 의한 영향

물질의 용출이 퇴적물 또는 확산경계층의 분자확산 수준의 속도로 규정하여 기술하였지만, 퇴적물 중에 서식하는 다양한 저서생물(底棲生物, benthos)의 활동에 따라 큰 차이를 보이는 것은 이전부터 지적되어 왔다[23][24]. 이것을 생물교란(生物攪亂, bioturbation)이라고 하며, 식 (1)에서 3항이 여기에 해당된다. 저서생물의 분포는 불균일하며, 대형 저서동물(大型底棲動物, macrobenthos)[4]이 용출실험 퇴적물에 포함되면, 실험결과에 큰 영향을 미친다. 또한 농도구배에서 계산할 때에도 저서생물의 서식에 따라 물질농도

3) 암모니아염, 아질산염 및 질산염의 용존 무기질소와 아미노산, 요소 등의 용존 유기질소의 합을 나타낸다.

4) 크기가 1mm 이상인 저서동물을 가리킨다.

의 연직분포 양상은 크게 달라진다. 따라서 두 방법 모두 복수의 퇴적물 샘플을 채집하여 평균값과 편차를 표시하는 것이 좋다.

저서식물은 용존물질의 용출에 더욱 큰 영향을 미친다. 해저에 빛이 도달하는 천해역의 퇴적물 표면에는 많은 부착성 미세조류가 있다. 이들 대부분은 우상목 저서규조류(底棲珪藻類, benthic diatoms)이다. 이들 미세조류는 간극수의 영양염을 이용하기에, 퇴적물 표층의 영양염류의 농도는 미세조류의 흡수에 따라 차이를 보인다. 앞에서 설명한 용출속도의 간접 산출방법과 실측방법의 차이값은 저서미세조류의 영양염 흡수에서 발생하였는지도 모른다. 예로서 퇴적물 내의 영양염 농도구배가 크게 나타남에도 불구하고 용출 수송(flux)을 실측하게 되면, 낮은 값을 보이는 것은 저서미세조류에 의한 흡수가 원인일 수도 있다.

일반적으로 빛이 도달하여 광합성에 의한 일차생산이 가능한 수층을 유광층(有光層, photic zone)이라고 한다. 빛이 해저에 도달하여 저서미세조류의 광합성이 가능한 수심을 저자는 천해유광상(淺海有光床)이라 부른다. 저서미세조류는 광합성을 하기에 산소를 방출하여 환원 퇴적물을 산화환경으로 변화시킬 수 있어, 유기물의 분해 및 무기화에 크게 영향을 미친다[25][26]. Yamamoto et al.[27]은 대량 배양한 저서규조류를 인위적으로 산포하여 유기물이 무기화 되는 과정을 확인 하였고, 해역에서 처음으로 미소식물을 이용한 환경개선(phytoremediation)을 제안하였다.

## 5. 세토내해 퇴적층에서 인과 질소의 용출

세토내해 퇴적물에서 인과 질소의 용출에 대한 연구는 그렇게 많지 않다. 지금까지 제한된 해역에 대한 보고는 일부 보이지만, 세토내해 전체 해역을 대상으로 하여 실측하거나 계산에 의해 산출된 보고는 中西와 浮田[28][29][30], 塩沢 등[12], 山本 등[31] 및 환경부[32][33][34]에 의해 실시된 4건이 있다. 앞에서도 설명하였지만, 塩沢 등[12]은 Berdyaev법을 사용하였고, 山本 등[31]은 농도구배법에서 용출속도를 산출하였다. 그리고 환경부[32][33][34]는 농도구배에 의한 산출방법과 주상퇴적물을 사용한 실측값을 측정하여 상호 비교하였다. 지금까지 세토내해의 각 해역을 대상으로 실시된 조사시기 및 해역, 그리고 방법 등을 표 6에 정리하여 두었다.

방법과 측정연도가 다르기 때문에 이들 측정값을 상호 비교한다는 것이 얼마나 의미가 있는지는 알 수 없지만, 상호 비교하여 고찰함으로서 각 방법에 관한 특성을 이해하는 것에는 큰 도움이 될 것이다. 또한 세토내해의 전체 퇴적물에서 연간 얼마만큼의 물질이 용출될 것인지에 대한 대략적인 수준이라도 이해할 수 있다면, 세토내해의 수질개선을 위한 대책에 크게 도움이 될 것이다. 그래서 이들의 측정 결과를 표 7과 표 8에 정리하여 두었다.

앞에서도 용출속도 산정에 대한 기본적인 내용은 설명하였지만, 농도구배는 퇴적물 내에서도, 퇴적물과 저층의 퇴적물 인접

해수와의 농도구배에서도, 위쪽 방향의 수송(flux)을 나타내지만, 실측에서는 아래쪽 방향의 수송(flux)도 존재하였다. 이유로서는 용존무기인은 표영 환경에서 수산화철 등의 콜로이드 입자 등에

**표 6.** 세토내해 각 해역에서 지금까지 조사된 인과 질소의 용출측정

| 조사 년월 | 해 역 | 항목 | 방 법 | 출 저 |
|---|---|---|---|---|
| 불명 | 세토내해 전해역 | P, N | 코아 배양법 A*1 | 中西, 浮田[28][29][30] |
| 1979.8-9,12,1980.9,<br>1981.1,8,12,1982.8,12 | 세토내해 전해역 | P, N | Berdyaev법 | 塩沢 등[12] |
| 1977.6,8,10,1978.1 | 오사카만 | N | 농도구배법*3 | 城[35] |
| 1978.6-8,10,12 | | P, N | 코아 배양법 A | |
| 1985.8,10-11,<br>1986.1,5,8-9,10-11 | 히로시마만 | P, N | Berdyaev법,<br>코아 배양법 A,<br>농도구배법 B | 清木[36] |
| 1982.6,7,8 | 하리마나다 북부연안 | P | 농도구배법 B*4 | Taba and Montani[37] |
| 1992.7,10,<br>1993.1,1995.10 | 히로시마만 | N | 농도구배법 A,<br>코아 배양법 B*2 | Yamamto et al.[21] |
| 1993.10,1994.1,4,6 | 세토내해 전해역 | P, N | 농도구배법 A | 山本 등[31] |
| 1991.7 | 하리마나다 | P, N | 코아 배양법 A | 神山 등[38] |
| 1992.7 | 하리마나다 | P, N | 코아 배양법 A | 神山 등[39] |
| 2000.8,12 | 오사카만<br>하리마나다 | P, N | 코아 배양법 A<br>농도구배법 A | 환경부[32] |
| 2001.8,12 | 히우치나다<br>히로시마만 | P, N | 위와 같음 | 환경부[33] |
| 2002.7,2003.1 | 수오나다<br>이요나다<br>벳부만 | P, N | 위와 같음 | 환경부[34] |
| 2002.7 | 히로시마만 | P, N | 위와 같음 | 환경부[34] |
| 2002.1,4,8,11 | 수오나다 | P, N, Si | 농도구배법 A | Jahangir et al.[40]. |

*1 : 코아 배양법 A는 채니한 코아를 폐쇄계에서 실험한 것임. 스크루로 교반한 경우도 포함.

*2 : 코아 배양법 B는 코아를 flow-slew계로 실험한 것.

*3 : 농도구배법 A는 퇴적물과 퇴적물 바로 위 해수의 농도구배로부터 산출.

*4 : 농도구배법 B는 퇴적물의 농도구배로부터 산출.

**표 7.** 세토내해 각 해역별 인의 용출속도

| 해 역 | 방 법[*1] | 항목 | 성층기 (mg P/m²/일) | 혼합기 (mg P/m²/일) | 출 저 |
|---|---|---|---|---|---|
| 오사카만 | 배양법 | DIP | 5.3~37 | 4.0~11.6 | 城[35] |
| | | DIP | -0.5~56.5 | -1.6~2.4 | 환경부[32] |
| | | DIP | 4.1~31.8 | - | 환경부[33] |
| | 농도구배법 | DIP | 0.9~3.2 | 0.8~0.9 | 山本 등[31] |
| | | DIP | 0~16.6 | 0~0.9 | 환경부[32] |
| 하리마나다 | 배양법 | DIP | 1.0~1.6*2 | - | Tada and Montani[37] |
| | 농도구배법 | DIP | 0.6~1.2 | - | Tada and Montani[37] |
| | 배양법(혐기) | DIP | 3.5~11.4 | - | 神山 등[39] |
| | 배양법(호기) | DIP | -0.5~3.1 | - | |
| | | DIP | -1.2~10.4 | - | 神山 등[39] |
| | | DIP | 0.6~6.5 | 0.~4.8 | 환경부[32] |
| | 농도구배법 | DIP | 0~4.1 | 0.2~3.7 | 山本 등[31] |
| | | DIP | 0.4~2.7 | 0.3~1.8 | 환경부[32] |
| 비산세토 | 농도구배법 | DIP | 0.3 | 0.1 | 山本 등[31] |
| 히우치나다 | 배양법 | DIP | -0.6~17.6 | -0.8~0.4 | 환경부[33] |
| | 농도구배법 | DIP | 1.0~2.0 | 0.6~1.7 | 山本 등[31] |
| | | DIP | 1.0~7.6 | 0.2~0.5 | 환경부[33] |
| 아키나다 | 농도구배법 | DIP | 0.29 | 0.17 | 山本 등[31] |
| 히로시마만 | 배양법 | DIP | 2.9~14.2 | 0.3~0.4 | 清木[36] |
| | | DIP | -4.0~0.5 | -0.9~1.4 | 환경부[33] |
| | | DIP | 0.6~9.4 | - | 환경부[34] |
| | 농도구배법 | DIP | 1.6~4.5 | 0.7~1.4 | 清木[36] |
| | | DIP | 0~1.3 | 0.7~0.9 | 山本 등[31] |
| | | DIP | 0.9~4.4 | 0.4~1.9 | 환경부[33] |
| | | DIP | 0.8~4.3 | - | 환경부[34] |
| 이요나다 | 농도구배법 | DIP | 0.5 | 0.3 | 山本 등[31] |
| 수오나다 | 배양법 | DIP | -2.5~3.8 | -0.1~0.4 | 환경부[34] |
| | 농도구배법 | DIP | 1.0~3.0 | 0.0~3.6 | 山本 등[31] |
| | | DIP | 0.5~3.7 | 0.2~0.5 | 환경부[34] |
| | | DIP | 0.5±0.6 | 0.1±0.1 | Sarker et al.[40] |
| 벳부만 | 배양법 | DIP | -0.5~1.0 | -0.5~-0.3 | 환경부[34] |
| | 농도구배법 | DIP | 0.6~4.6 | 0.3~1.2 | 환경부[34] |

*1 : 배양법은 코아 배양법과 Berdyaev법을 포함한 것이며, 농도구배법은 퇴적물 중의 농도구배 및 퇴적물-퇴적물 위의 물의 농도구배로부터 산출한 것을 포함하고 있음.

*2 : 현장의 온도와 다른 온도(10℃)로 실험하였다.

**표 8.** 세토내해 각 해역별 질소의 용출속도

| 해 역 | 방 법*1 | 항목 | 성층기 (mg N/m$^2$/일) | 혼합기 | 출 저 |
|---|---|---|---|---|---|
| 오사카만 | 배양법 | DIN | 23~60 | 10~29 | 城(1986)[35] |
| | | $NH_4$ | 0.8~138.1 | -0.8~30.6 | 환경부(2001)[32] |
| | | $NH_4$ | 51.1~140.5 | - | 환경부(2002)[33] |
| | 농도구배법 | DIN | 32~45 | 4.8~5.5 | 城(1986)[35] |
| | | DIN | 2.6~36 | 3.6~11 | 山本 등(1998)[31] |
| | | $NH_4$ | 0.1~49.9 | 0.1~23.1 | 환경부(2001)[32] |
| 하리마나다 | 배양법 | DIN | 3.0~64.8 | - | 神山 등(1998)[39] |
| | | $NH_4$ | -6.5~135 | 8.6~28.2 | 환경부(2002)[32] |
| | 배양법(혐기) | DIN | 8.3~36 | - | 神山 등(1997)[38] |
| | (호기) | DIN | 1.8~11.6 | - | |
| | 농도구배법 | DIN | 0~37 | 2.6~19 | 山本 등(1998)[31] |
| | | $NH_4$ | 8.9~24.5 | 3.2~14.4 | 환경부(2001)[32] |
| 비산세토 | 농도구배법 | DIN | 2.2 | 0.9 | 山本 등(1998)[31] |
| 히우치나다 | 배양법 | $NH_4$ | 5.4~11.5 | 1.3~9.4 | 환경부(2002)[33] |
| | 농도구배법 | DIN | 9.9~15 | 0~11 | 山本 등(1998)[31] |
| | | $NH_4$ | 8.9~24.5 | 2.4~5.9 | 환경부(2002)[33] |
| 아키나다 | 농도구배법 | DIN | 2.7 | 1.2 | 山本 등(1998)[31] |
| 히로시마만 | 배양법 | DIN | 10.7~39.8 | 1.6~5.1 | 清木(1990)[36] |
| | | $NH_4$ | -4.2~1.7 | -0.2~13.3 | 환경부(2002)[33] |
| | | $NH_4$ | -1.4~25.6 | - | 환경부(2003)[34] |
| | | DIN | - | 0.3~1.1 | Yamamoto et al. (2000)[21] |
| | 농도구배법 | DIN | 40.5~104 | 26~43.5 | 清木(1990)[36] |
| | | DIN | 17~18 | 3.6~8.9 | 山本 등(1998)[31] |
| | | $NH_4$ | 6.7~16.6 | 3.3~15.7 | 환경부(2002)[33] |
| | | $NH_4$ | 9.3~18.4 | - | 환경부(2003)[34] |
| | | DIN | - | 0.1~0.4 | Yamamoto et al. (2000)[21] |
| 이요나다 | 농도구배법 | DIN | 5.1 | 2.2 | 山本 등(1998)[31] |
| 수오나다 | 배양법 | $NH_4$ | 1.4~91.4 | 3.1~4.8 | 환경부(2003)[34] |
| | 농도구배법 | DIN | 15~37 | 0~18 | 山本 등(1998)[31] |
| | | $NH_4$ | 3.3~36.7 | 0.3~4.8 | 환경부(2003)[34] |
| | | DIN | 9.1±9.1 | 3.1±2.9 | Sarker et al. (2005)[40] |
| 벳부만 | 배양법 | $NH_4$ | -0.5~11.2 | 1.3~15.2 | 환경부(2003)[34] |
| | 농도구배법 | $NH_4$ | 4.7~21.2 | 0.3~1.2 | 환경부(2003)[34] |

* 배양법은 코아 배양법과 Berdyaev법을 포함한 것이며, 농도구배법은 퇴적물 중의 농도구배 및 퇴적물-퇴적물 위의 물의 농도구배로부터 산출한 것을 포함하고 있음.

흡착하기 때문이며, 용존무기질소는 질산화(窒酸化, nitrification)에 따라 암모니아 수송이 음의 값을 나타내기도 하고 탈질작용(脫窒作用, denitrification)에 의해 질산염 수송에서 음의 값을 나타내기도 한다. 더욱이 배양중에 미세조류에 의한 영양염 흡수도 있다. 이외에도 다음과 같은 특징을 들 수 있다.

오사카만과 같이 오염물질 유입부하가 매우 큰 해역에서 용출속도는 크게 나타나고, 비산세토나 이요나다와 같은 비교적 깨끗한 해역에서 용출속도는 낮다. 예로서 농도구배에 의해 산출된 오사카만 용존무기인의 용출속도는 0∼16.6 mgP/m$^2$/일이지만, 비산세토와 이요나다는 0.1∼0.5 mgP/m$^2$/일이다. 이는 퇴적물에서 영양염 용출은 퇴적물에 포함하는 유기물 농도(분해량의 크기)에 크게 의존하기 때문이다. 오사카만은 해저 퇴적물의 유기물 공급 속도가 무기화 속도보다 빠르기에 퇴적물에 재차 유기물 축적이 된다. 그러나 비산세토와 이요나다는 유기물 공급 속도에 비하여 무기화 속도가 크기 때문에 해저 퇴적물은 유기물 농도가 낮은 광물입자가 주가 되는 퇴적상으로 보존되고 있는 것으로 추정된다.

용출속도는 용존무기질소와 인 모두에서 여름 성층기에 높고, 겨울 혼합기에 낮다. 배양법으로 용존무기인의 용출속도는 성층기가 -4.0∼57 mgP/m$^2$/일이고 혼합기에는 -1.6∼11.6 mgP/m$^2$/일이다. 질소는 성층기에 -6.5∼140.5 mgN/m$^2$/일, 혼합기에 -0.8∼30.6 mgN/m$^2$이다. 혼합기는 퇴적물 표면에 산소공급이 크기 때문에 용존무기인은 앞에서 설명한 이유 때문에 용출되지 않는다. 용존 무기질소도 혼합기의 산소공급에 의해 질산화 또는 탈질화가 발생하여 용출량은 감소하는 것으로 생각된다.

측정 시기가 다른 것을 고려하면, 오사카만은 시기별로 큰 차이를 보이지 않지만, 히로시마만은 1985~1986년 농도구배 방법에 의해 DIN의 용출속도를 계산한 성층기에 40.5~104 mgN/$m^2$, 혼합기에 26.0~43.5 mgN/$m^2$mg N/$m^2$/일[36]은 1993~2002년에 측정돈 값[31]이나 환경부가 2002년[33]과 2003[34]에 측정한 성층기의 6.7~18.4 mgN/$m^2$과 혼합기의 3.3~15.7 mgP/$m^2$와 비교하면 매우 높다. 이와 같은 결과는 오사카만에서는 지금도 표층퇴적물에 높은 유기물 함량이 지속되고 있는 것에 반해, 히로시마만의 퇴적물의 유기물량은 점차 감소하고 있음을 나타내는 것으로도 생각할 수 있다.

## 6. 퇴적층에서 인과 질소의 용출량과 육상부하량의 비교

해저의 표층 퇴적물로 공급되는 유기물은 해역 외부의 육상기원이나 해역자체의 생산에 의해 유기물 부하는 지속되며, 퇴적물이 환원상태로 변하여 혐기적 분해가 지배하는 환경에서 유기물의 분해는 매우 늦게 된다. 이 때문에 퇴적물에 축적된 유기물의 분해에는 많은 시간이 소요되며, 육지에서 오염부하가 낮게 되더라도 퇴적물에서 용출되는 영양염은 바로 감소되지 않는다. 현재

세토내해 주요 해역에 유입되는 육상 오염 부하량과 해저의 표층 퇴적물에서 용출되는 양이 어느 정도가 되는지를 비율로서 검토하여 보았다.

앞에서 설명하였지만, 용출속도의 산출방법에는 몇 가지가 있으며, 방법에 따라 용출속도의 값은 차이를 나타낸다. 저자는 flow-slew 배양법이 현장의 상황을 가장 잘 반영하는 것으로 판단하고 있지만, 이 방법은 연구실 수준에서는 문제가 없지만 현장에서 측정하는 것은 매우 어렵고, 측정 표본수를 추가하는 것도 현실적으로는 어려워 그다지 실용적인 방법이 되지 못한다. 실제 이 측정법을 이용한 사례는 극히 소수에 지나지 않는다. 또 폐쇄계의 배양법에서 장기간 해수의 유동 없이 측정하는 것도 퇴적물 위의 해수가 쉽게 환원상태로 변하기 때문에 자연 상태와는 다른 결과를 얻을 수 있다. 한편, 농도구배에 의한 산출 방법은 당시의 용출속도를 나타내지 못하고, 용출의 잠재력(potential)을 나타내는 것으로 판단되기에, 배양법에서 얻어진 값과의 편차가 크기에, 계절 정도의 시간 스케일 값으로 하기에는 다소 문제가 있다. 따라서 본 항에서는 퇴적물과 저층 퇴적층에 인접하는 해수의 농도구배에서 얻어진 결과를 용출속도로 하고, 환경부(1999, 미공개)가 발표한 육상 오염부하량을 이용하여 비교하였다. 이들 비교는 환경부[34]가 실시한 것이기에 보고서를 인용하였다(표 9).

山本 등[31], 환경부(32][33][34]는 모두 같은 방법으로 용출속도를 구하였기 때문에 편차가 크지 않다. 즉 히로시마만의 성층기의

**표 9.** 세토내해 주요 해역에 유입되는 육상 오염부하와 해저 퇴적물에서 용출량의 비교

| 해 역 | 출 전 | 시기 | 용출량(A) 질소 (t/일) | 용출량(A) 인 (t/일) | 육상부하량(B)* 질소 (t/일) | 육상부하량(B)* 인 (t/일) | (A)/(B) 질소 (%) | (A)/(B) 인 (%) |
|---|---|---|---|---|---|---|---|---|
| 오사카만 | 山本 등(31) | 성층기 | 32 | 3 | 161 | 13 | 20 | 23 |
| | | 년평균 | 21 | 2 | | | 13 | 15 |
| | 환경부(32) | 성층기 | 23 | 7 | | | 14 | 54 |
| | | 혼합기 | 10 | 1 | | | 6 | 8 |
| | 환경부(33) | 성층기 | 17 | 3 | | | 11 | 23 |
| 하리마나다 | 山本 등(31) | 성층기 | 35 | 7 | 95 | 6 | 37 | 117 |
| | | 년평균 | 32 | 4 | | | 34 | 67 |
| | 환경부(32) | 성층기 | 21 | 3 | | | 22 | 50 |
| | | 혼합기 | 15 | 3 | | | 16 | 50 |
| 히우치나다 | 山本 등(31) | 성층기 | 28 | 4 | 32 | 2 | 88 | 200 |
| | | 년평균 | 9 | 1 | | | 28 | 50 |
| | 환경부(33) | 성층기 | 28 | 5 | | | 88 | 250 |
| | | 혼합기 | 0 | 1 | | | 0 | 50 |
| 히로시마만 | 山本 등(31) | 성층기 | 16 | 2 | 40 | 4 | 40 | 50 |
| | | 년평균 | 6 | 1 | | | 15 | 15 |
| | 환경부(33) | 성층기 | 17 | 3 | | | 43 | 75 |
| | | 혼합기 | 13 | 1 | | | 33 | 25 |
| | 환경부(34) | 성층기 | 19 | 3 | | | 48 | 75 |
| 수오나다 | 山本 등(31) | 성층기 | 80 | 7 | 64 | 3 | 125 | 233 |
| | | 년평균 | 23 | 2 | | | 36 | 67 |
| | 환경부(34) | 성층기 | 49 | 5 | | | 77 | 167 |
| | | 혼합기 | 12 | 2 | | | 19 | 67 |
| | Sarker et al.(40) | 성층기 | 36 | 2 | | | 56 | 67 |
| | | 혼합기 | 13 | 1 | | | 20 | 33 |
| 벳부만 | 환경부(34) | 성층기 | 5 | 1 | 42 | 2 | 12 | 50 |
| | | 혼합기 | 2 | 0 | | | 5 | 0 |

* 육상 오염부하량은 환경부(1999)(미공개 자료), 환경부(34)에 기재되어 있다.

질소 용출량은 山本 등[31]이 16 t/일, 환경부[33][34]는 각각 17 및 19 t/일이다. 육상 오염부하와 비교하면 오사카만과 같이 육상 오염원부하가 높은 해역에서 해저 퇴적물 용출량은 6~54%로 상대적으로 낮은 값을 나타내었다. 그러나 하리마나다 등과 비교하면 면적은 적지만 용출량의 절대값은 높았다. 또 히우치나다나 수오나다와 같이 해역 면적이 넓고 육상 오염부하가 상대적으로 낮은 해역에서는 퇴적층에서 용출되는 물질의 기여율은 계절에 따라 다소 차이는 있지만 최대 250%로 상대적으로 매우 높다. 이들 해역에서 특히 인의 용출은 육상부하와 같은 정도 내지는 그 이상(33~250)이다. 인은 육지에서 유출되는 물질부하 저감 지도가 1980년 이후 25년간 지속되었기 때문에 이러한 결과가 나타난 것으로 보인다.

통계적 유의검증은 어렵지만, 하리마나다와 수오나다에서 1993~1994년의 측정결과에 대하여 2000~2002년의 측정결과[32][33][34][41]는 해저 퇴적층에서 용출되는 물질의 용출량은 감소하였다. 약 10년동안 이들 해역에 유출되는 육상 오염물질부하가 지속적으로 감소하여, 퇴적물의 유기물 공급도 감소되었고, 이에 따라 퇴적물의 용출량도 감소한 것으로 판단된다.

## 7. 앞으로의 과제

육지에서 부하되는 양과 용출되는 양이 얼마일 때 해역은 어느 정도의 영양수준을 유지할 수 있는 것인지를 예측 하는 것은 해역 환경보전과 어업대책을 수립할 때 매우 중요하다. 이와 같은 예측을 위해서는 매우 정교한 수치모델을 필요로 하다. 식 (1)을 생각하면 이분해성에서 난분해성에 걸쳐 다양한 유기물을 몇 개의 그룹으로 나누고, 분해 정도를 호기와 혐기분해 과정을 수식화 함과 동시에 기타 용출에 관여하는 저서동물에 대한 생물과정의 수식화도 필요하다. 여기에 외부 강제요인으로 해역별로 다른 현실적인 부하량과 계(係)외와의 물리적 교환과정을 부여할 필요가 있다. 더욱이 표영 환경에서의 입자성 유기물의 생성과 침강과정은 부하량에 대응하여 변화하는 함수여야 하기에, 용출에 깊이 관련하는 퇴적물 중의 유기물 함량이나 공극률 등도 부하량 함수일 필요가 있다. 이것에 추가하여 인은 [Fe-P-S 반응]과 같은 화학과정이 산소농도나 산화·환원전위와 관계하며, 질소는 퇴적물 내의 산화층과 환원층의 경계부근에서 탈질작용이 진행되는 것으로부터, 이에 관여하는 산화층의 두께가 관여하게 된다. 즉 산화층의 두께가 저층 퇴적물 인접 해수의 산소농도와 퇴적물에서 산소소비속도에 의존하여 동적으로 변화하는 모델이 필요하게 된다[41]. 물론 지금까지 실시되었던 것처럼 표영 생태계에서 식물연쇄(食物連鎖, food chain)을 통한 물질순환 모델에 의한 표영 환경의 영양염 농도 파악은 필요하다. 이상과 같은 연구는 학술적인 매력뿐만 아니라 해역의 환경대책을 수립할 때 매우 중요하기에 앞으로 수행되어야 할 중요한 과제라고 할 수 있다.

육지에서 오염부하가 클수록 해역의 일차생산은 크게 되어 퇴적물에 유기물의 축적이 많아진다. 그로 인해 용출량이 높아지는 것은 당연하다 할 수 있다. 세토내해에서 오염부하가 큰 1970년대에 비교하면, 최근의 용출량 조사결과에서는 다소 감소하는 경향을 보인다(표 7과 표 8 참조). 이렇게 육상 오염부하의 유입량이 감소하게 되면, 언젠가는 반복되는 용출과정에서 퇴적물의 유기물 함량도 낮아질 것이다. 다만, 육상 오염부하가 삭감되어도 표영 환경에서 질소와 인 농도는 기대만큼 감소하지 않는다. 이에 대해서는 여러 가지 원인이 있겠지만, 해저 퇴적층에 축적된 유기물의 분해에 의한 무기화 과정에 많은 시간이 소요되는 것도 크나큰 원인 중의 하나이다. 본 장에서 설명하였던 용출속도 계산결과는 대부분이 환경부의 수질유형 II에 해당하는 해역에서 얻어진 값이다. 따라서 유형 II (TN 〈 0.3 mg/L, TP 〈 0.03 mg/L)의 해역은 자연치유력에 의해 해저표층퇴적물 환경 수복이 가능하다는 것을 나타낸다고 할 수 있다.

그러나 유형 Ⅳ (TN 〈 1 mg/L, TP 〈 0.09 mg/L)인 오사카만의 내만해역, 가시마호(児島湖), 마쯔나가만(松永灣), 카이타만(海田灣) 등은 여름에 빈산소 수괴 및 황하수소가 발생한다. 이러한 해역은 여름에 저서생물이 거의 소멸되기에 1년 단위의 생물서식이 불가능하다. 저서생물의 사멸은 유기물 부하와 산소소비를 촉진시키는 원인으로 작용하여 빈산소 해소는 불가능하게 된다. 이러한 정(正)의 피드백(feedback)의 환경은 환경악화의 부정적 나선(negativespiral)[5]이라 할 수 있다. 저서생물의 서식은 퇴적물의 경운(耕耘)에 의한 퇴적물 내부로의 산소공급과 동시에 식물연쇄를 통한 유기물 제거의 역할도 하고 있기에 매우 중요하다. 해저 빈산소 수괴가 해소되면, 저서생물의 서식이 가능하게 되어 환경상태는 빠르게 개선되어 잠재적 나선(potential-spiral)으로 전환된다. 유형 Ⅳ와 같은 해역을 방치하게 되면 자연치유가 어렵기 때문에 부정적 나선에서 잠재적 나선으로 전환시킬 수 있는 대책이 필요하다. 이러한 해역의 수권생태계의 회복은 육상 오염부하의 삭감만으로 해결할 수 없기에, 오염된 퇴적물을 개선하는 적극적인 대책이 필요하다. 오염해역의 면적이 적다면, 경운(耕耘), 복사(覆砂), 준설(浚渫) 및 생물의 기능을 이용한 저질개선도 가능할 수 있다. 2006년 3월에 세토내해의 바다모래 채취가 전면 금지되었기에[42], 천해역의 재생을 위해 유용 순환자원이라 할 수 있는 재생재료을 이용하는 것도 하나의 방법일수 있다. 물론 환경적으로 유해한 물질은 당연히 포함되지 않아야 하며, 모래의 대용으로 사용하기 위해서는 자연생태계에 어떠한 영향을 미칠 수 있는가에 대한 충분한 검토가 필요하다. 이미 몇 가지 대체 재료에 대한 연구가 진행되고 있어, 과학적인 실험결과를 바탕으로 가까운 장래에 활용 가능성할 것으로 판단된다.

---

5) 환경악화가 자연환경에서 부정적인 방향으로 연속되어 진행되는 과정

# 참고문헌


[1] (社)瀬戸内海環境保全協会, 2006. 平成17年度瀬戸内海の環境保全-資料集-, 103p.

[2] 山本民次, 石田愛美, 清木澈, 2002. 水産海洋研究, 66, 102-109.

[3] 駒井幸夫, 本書 第5章

[4] Boudreau, B.P., N.L. Guinasso Jr., K.A. Fanning and F.T. Manheim (eds). 1982. The influence of a diffusive sublayer on accretion, dissolution, and diagensis at the sea floor, In, The Dynamic Environment of the Ocean Floor, Lexington Books, MA., 115-145.

[5] Santschi, P., P. Hohener, G. Benoit and M. Buchholtz-ten Brink, 1990. Mar. Chem., 30, 269-315.

[6] 山本民次, 2004. 沿岸海洋研究の崩壊-リン負荷削減とダム建設による人為的貧栄養化. 河野憲治, 藤田耕之輔(編) 公開講座シリーズ 3, 私たちの生活と環境修復・改善にどう取り込むか-. 広大生物圏出版社, 55-75.

[7] 山本民次, 2003. 底泥間隙水からの物質の溶出. 竹内均監修, 地球環境調査事典. フジ・テクノシステム, 192-199.

[8] 神山幸吉, 奥田節夫, 河合章, 1979. 用水と廢水, 21, 285-291.

[9] 浮田正夫, 中西弘, 天谷満德, 1975. 用水と廢水, 17, 1277-1290.

[10] 浮田正夫, 中西弘, 天谷満德, 1975. 用水と廢水, 17, 1392-1401.

[11] Sonzogni, W.C., D.P. Larsen, K.W. Malueg and M.D. Schuldt, 1977. Wat. Res., 11, 461-464.

[12] 塩沢孝之, 川名吉一郎, 山岡到保, 星加章, 谷本照巳, 滝村修, 1984. 中国工業技術試験所報告, 21, 13-43.

[13] Boynton, W.R., W.M. Kemp, C.G. Osborne, K.R. Kaumeyer and M.C. Jenkins, 1981. Mar. Biol., 65, 185-190.

[14] Marin, D.C. and D.A. Bella, 1971. J. Water Poll. Contr. Fed., 43, 1865-1876.

[15] Kamiyama, K., S. Okuda and A. Kawai, 1976. Japan. J. Limnol., 37, 59-66.

[16] Revsbech, N.P. and B.B. Jorgensen, 1983. Limnol. Oceanogr., 28, 749-756.

[17] Bouldin, D.R., 1968. J. Ecol., 56, 77-87.

[18] Sunbaeck, K., V. Enoksson, W. Graneli and K. Pettersson, 1991. Mar. Ecol. Prog. Ser., 74: 263-279.

[19] Reay, W.G., D.L. Gallagher and G.M. Simmons Jr, 1995. Mar. Ecol. Prog. Ser. 118, 215-227.

[20] Cowan, J.L.W., J.R. Pennock and W.R. Boynton, 1996. Mar. Ecol. Prog. Ser. 141, 229-245.

[21] Yamamoto, T., H. Ikeda, T. Hara and H. Takepka, 2000. Hydrobiol., 435, 135-142.

[22] 呉碩津, 松山幸彦, 山本民次, 中嶋昌紀, 高辻英之, 藤沢邦康, 2005. 沿岸海洋研究, 43, 85-95.

[23] Callender, E. and D. Hammond, 1982. Est. Coast. Shelf Sci., 15, 395-413.

[24] Henriksen, K., M.B. Rasmussen and A. Jensen, 1983. Ecol. Bull., 35, 193-205.

[25] 山本民次, 2004. 瀬戸内海, 40, 45-49.

[26] 原口浩一, 山本民次, 2008.低生微細藻類のバイオマスと一次生産. 谷口旭 (監修), 海洋プランクトン生態學, 成山堂書店, 298-312.

[27] Yamamoto, T., I. Goto, O. Kawaguchi, K. Minagawa, E. Ariyoshi and O. Matsuda, 2007, Mar. Poll. Bull. in press

[28] 中西弘, 浮田正夫, 1982. 瀬戸内海の富榮養化制御のための総合評價

に関する研究(I), 第1号.

[29] 中西弘, 浮田正夫, 1982. 瀬戸内海の富榮養化制御のための総合評價に関する研究(II), 第2号.

[30] 中西弘, 浮田正夫, 1982. 瀬戸内海の富榮養化制御のための総合評價に関する研究(II), 第3号.

[31] 山本民次, 松田治, 橋本俊也, 妹背秀和, 北村智顕, 1998. 海の研究, 7, 151-158.

[32] 環境庁, 2001. 平成12年度環境庁委託業務結果報告書, 海域(瀬戸内海)における底泥からの榮養塩類溶出把握実態調査, 96p.

[33] 環境省環境管理局水環境部, 2002. 平成13年度燧灘, 備後灘, 安芸灘, 広島湾における底泥からの栄養塩溶出把握失態調査, 96p.

[34] 環境省環境管理局水環境部, 2003. 平成14年度伊予灘, 周防灘, 別付湾における底泥からの栄養塩溶出把握失態調査, 137p.

[35] 城久, 1986. 大阪水試研報, 7, 174p.

[36] 清木徹, 1990. 広島大学工学研究科博士論文, 210p.

[37] Tada, K. and S. Montani, 1997. Fish. Sci., 63, 567-572.

[38] 神山孝史, 玉井恭一, 辻野睦, 1997. 南西水研研報, 30, 209-218.

[39] 神山孝史, 辻野睦, 玉井恭一, 1997. 南西水研研報, 31, 33-43.

[40] Sarker, J. T. Yamamoto, T. Hashimoto and T. Ohmura, 2005. Fish. Sci., 71, 593-604.

[41] Wang, H. A. Appan and J.S. Gulliver, 2003.Wat. Res., 37, 3928-3938.

[42] 井内美郎, 本書 第8章.

(山本民次 Yamamoto Tamiji)

제7장

# 세토내해의 빈산소 수괴

**앞쪽사진** 연안/내만해역은 매우 온화한 환경에 풍부한 영양염을 나타내기에 높은 생물생산이 가능하여, 예로부터 우리에게 풍요로운 자원을 안겨준다. 그러나 해저 퇴적물에는 육상에서 유출되는 오염물질과 해역 자체에서 성행하는 각종 어류와 패류 양식에서 발생하는 부산물로 인해, 극심한 유기오염과 그에 따른 무산소현상이 발생한다. 사진은 우리나라 남해안의 내만해역의 평화스러운 어촌의 모습

# 1. 서언

빈산소 수괴가 저서생물을 비롯하여 연안 생태계에 나쁜 영향을 준다는 것은 잘 알려져 있다. 빈산소 수괴의 발생을 방지하는 것은 연안해역의 환경보존을 위한 가장 기본적인 과제이다. 일본 수산청에 의한 빈산소 수괴의 정의는 수산 환경기준 1종, 2종, 3종의 용존산소(溶存酸素, dissolved oxygen, DO)는 4 ml/L, 3 ml/L, 2 ml/L 이상으로 정해져 있고, 2 ml/L (=2.86 mg/L)이하가 되면 빈산소 수괴라고 하고 있다.

세토내해에는 1970년대부터 오사카만, 하리마나다, 히우치나다, 히로시마만, 수오나다에서 빈산소 수괴 발생하였고(문헌은 나중에 표시한다), 永井[1]는 수산자원보호 차원에서 세토내해 연안부는 수산 2종(3 ml/L 이상), 중앙부는 수산 1종(4 ml/L 이상)의 환경기준이 유지되면서, 모든 해역에서 빈산소 수괴가 발생하지 않는 수질 규제가 필요하다고 제언하였다. 하지만 세토내해 전 해역에서 저층의 용존산소 농도가 경년적으로 어떻게 변화하고 있는지에 대한 명확한 자료는 없다.

본 장에서는 환경부의 장기 관측 자료를 이용하여 세토내해의 빈산소 수괴에 대한 시·공간적 변화양상을 고찰하였다.

## 2. 세토내해 저층 용존산소의 시·공간 변화

세토내해 전 해역에서 저층 해수의 용존산소를 측정하기 시작한 것은 1978년부터 환경부의 세토내해 광역 종합수질 조사사업에서 이다. 이 조사는 세토내해의 약 120개 정점(그림 58)에서 투명도, 표층(해수면에서 1m 밑의 수심)·저층(해저면에서 1~5m 위의 수심, 55m 이상의 경우는 50m 수심)의 수질(수온, 염분, 용존무기질소(DIN), 용존무기인(DIP). 클로로필 *a* 농도((Chl *a*), DO)을 매년 4회(5월, 7월, 10월, 1월)에 측정, 분석하였다.

이 자료에서 수온약층(水溫躍層, thermocline)이 형성된 7월 자료를 이용하여 빈산소 수괴의 경년 변화를 살펴보았다. 우선 7월에 한번 측정한 자료가 얼마나 연간의 빈산소 수괴 특성을 반영하고 있는가에 대한 검토를 하였다. 그림 59는 1997년에서 2004년까지 매년 공공수역 수질측정 자료를 토대로 오사카만 동부해역의 저층 용존산소의 계절변화을 나타내었다. 그림에서 막대는 표준편차를 의미한다. 저층의 용존산소는 수온이 상승하여 성층이 발달하는 6~9월에 최저농도를 보이고, 수온이 낮아지는 10월부터 다시 높아진다. 따라서 매년 7월 한 번의 자료를 이용하여 세토내해 저층의 빈산소 수괴에 대한 경년변화의 비교에 큰 문제가 없을 것으로 판단되었다.

그림 60은 1981년에서 2002년까지 7월의 세토내해 저층의 평균 수온, 염분, 용존산소의 경년변화를 나타내었다. 저층의 평균

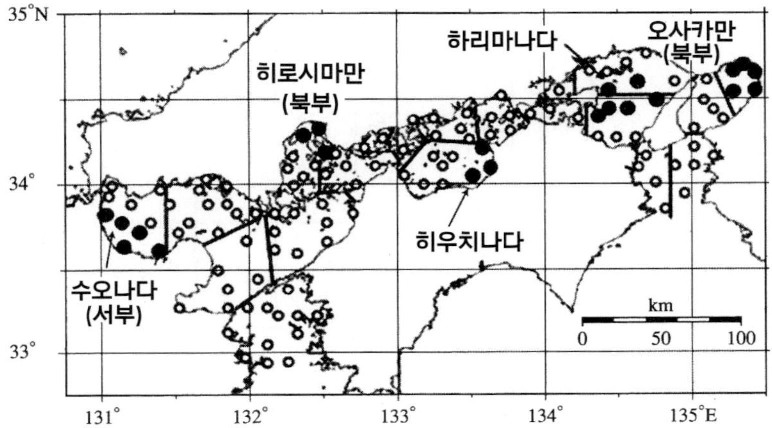


그림 58. 세토내해의 수질 관측정점.

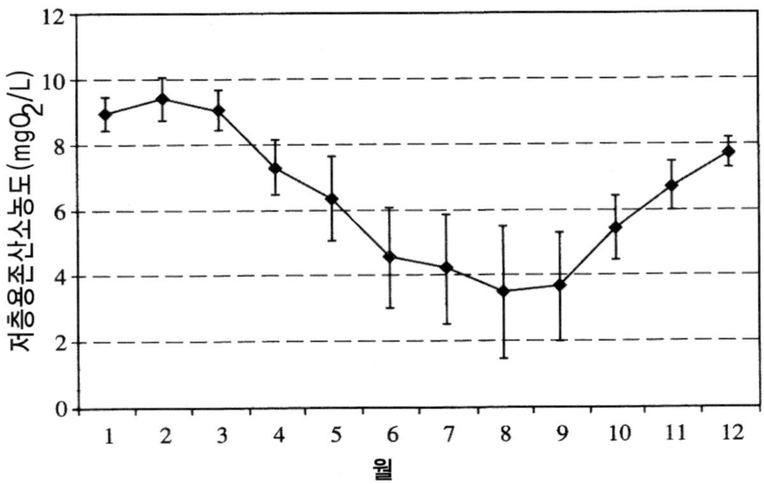


**그림 59.** 오사카만 동부의 저층 용존산소의 월변화.
(1997~2004의 평균, 막대표시는 표준편차)

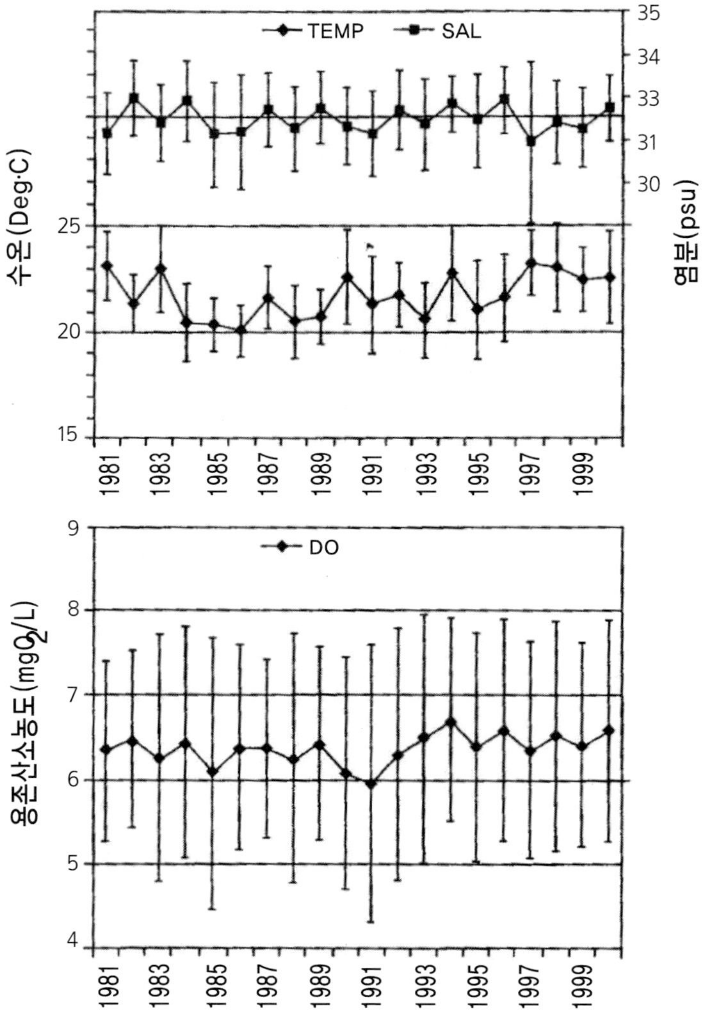


**그림 60.** 7월 세토내해 저층 해수의 평균수온, 염분, 용존산소의 경년변화.
(막대는 표준편차)

수온은 경년변화는 보이지만, 전체적으로 평균 기준값을 중심으로 변화하였다. 평균염분은 경년변화가 있지만, 20년간의 장기간의 변화양상은 나타나지 않았다. 저층의 용존산소 농도는 약 6.5 mg/L로 장기간의 일정한 변화양상은 볼 수 없었다. 저층 해수이면서도 7월에 높은 용존산소를 보이는 것은 연직혼합이 활발한 해협 부근을 포함하여 세토내해 전해역의 자료를 단순 평균하였기 때문으로 판단된다.

1981년과 2000년 7월에 저층의 용존산소의 수평분포를 그림 61에 나타내었다. 그림에서 두 개 모두 오사카만 내만해역, 하리마나다의 중앙부, 히우치나다의 동부, 히로시마만의 내만해역 그리고 수오나다의 남서부에서 낮은 농도를 보였다. 이들 해역에서의 빈산소 수괴에 대해서는 이미 논문으로 발표되어 있다. 즉 오사카만의 내만해역은 藤原 등[2], 하리마나다의 중앙부는 Yanagi[3], 히우치나다의 동부는 Takeoka 등[4], 히로시마만의 내만해역은 湯淺 등[5], 伊達와 淸木[6], 수오나다의 남서부는 神薗 등[7]의 보고가 있다.

각 해역의 빈산소 수괴의 최대 연직층의 두께, 최대 수평적 넓이 및 최대 유지시간(태풍 등에 의한 일시적인 빈산소 수괴의 소멸은 고려하지 않음)을 표 10에 정리하였다. 부영양화가 가장 많이 진행된 오사카만은 빈산소 수괴의 연직 및 수평적인 크기가 크며, 지속시간도 길다. 다만, 이와 같은 결과는 일년 또는 수년의 현지관측 결과로 해역의 빈산소 수괴의 생성, 유지 및 소멸기구를 고찰한 것으로 각 해역의 빈산소 수괴의 경년변화 특징은 아직 명확하지 않다.

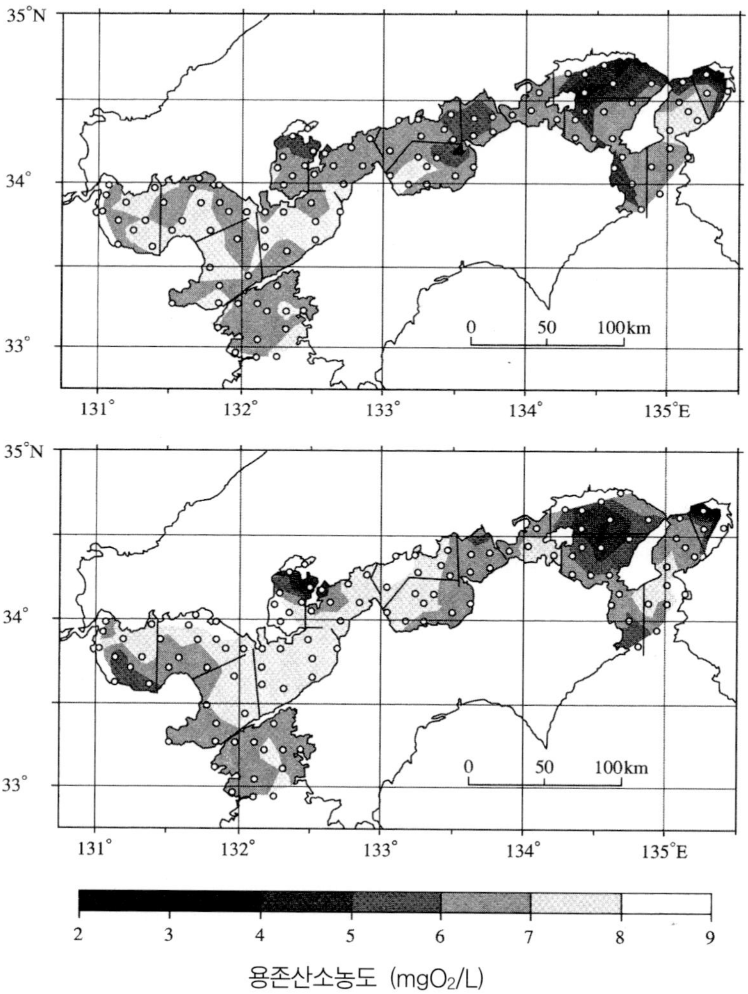


**그림 61.** 세토내해에서 1981년(위)과 2000년(아래) 7월 저층 용존산소의 수평분포

**표 10.** 세토내해 주요 해역의 빈산소 수괴 특징

| | 최대연직형성층 (m) | 최대 수평확산 범위 (m) | 최대지속기간 (월) | 참고문헌 |
|---|---|---|---|---|
| 오사카(大阪)만 | 10 | 20 | 3 | 〔2〕 |
| 하리마나다(播磨灘) | 5 | 20 | 2 | 〔3〕 |
| 히우치나다(燧灘) | 5 | 10 | 2 | 〔4〕 |
| 히로시마(広島)만 | 5 | 10 | 3 | 〔6〕 |
| 수오나다(周防灘) | 5 | 10 | 0.5 | 〔7〕 |

## 3. 세토내해 주요 해역 저층의 용존산소 장기 변화

1991년에서 2000년까지 7월 저층의 용존산소가 감소한 오사카만의 내만해역, 하리마나다의 중앙부, 히우치나다의 동부, 히로시마만의 내만해역 그리고 수오나다의 남서부 해역의 저층 수온, 염분, 용존산소의 경년변화를 그림 62에 나타내었다. 각 해역별 저층의 용존산소의 연간 변화 폭은 크게 나타났으며, 그와 같은 이유로서는 다음과 같은 내용을 들 수 있다.

오사카만의 평균값은 약 3 mg/L로, 그림 59의 7월 농도인 약 4 mg/L보다 낮았다. 그림 59는 오사카만 동부해역의 저층을 평균하였으나, 그림 62는 빈산소 수괴가 발달한 오사카만의 내만해역만을 평균하였기 때문이다. 하리마나다, 히우치나다, 히로시마만 및 수오나다의 저층 용존산소는 약 5~6.5 mg/L로 매우 높다. 표 10에 나타낸 것처럼 이들 해역의 빈산소 수괴의 연직 규모는 오

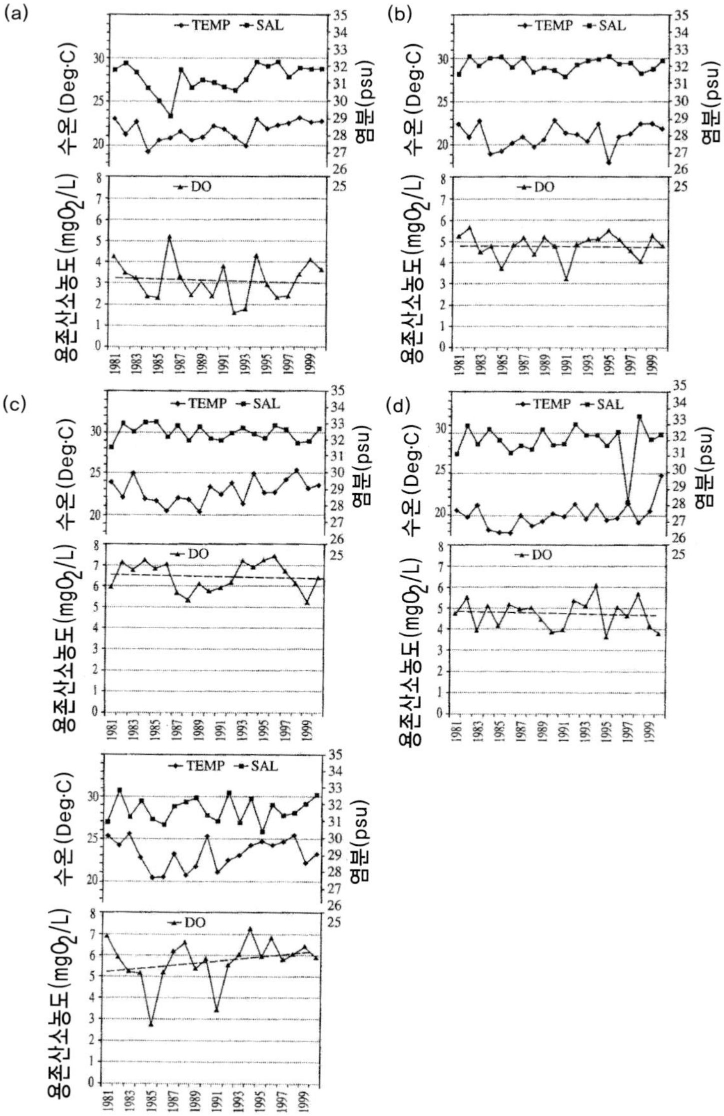


**그림 62.** 오사카만(a), 하리마나다(b), 히우치나다(c), 히로시마만(d), 수오나다(e)에서 7월 저층 수온, 염분, 용존산소의 경년변화. (파선은 용존산소의 경년 변화양상을 나타냄).

사카만에 비하여 작고, 저층 해수의 채수 수심(해저에서 1~5m 위)이 해저의 낮은 용존산소를 충분히 측정하지 못하였기 때문으로 판단된다. 또한 수오나다는 1985년과 1991년에 극단적으로 저층 용존산소가 감소하였다. 이는 두 해의 7월에 야마구니강(山国川)에서 대량의 하천수가 유출되어 수오나다 서부연안에 대규모의 빈산소 수괴가 발생하였기 때문이다[8][9].

그림 62의 저층 용존산소는 빈산소 수괴 중의 낮은 농도를 충분히 측정하지 못하였을 가능성이 높지만, 빈산소 수괴의 발달에 관한(그림 62의 DO값이 낮을 수 록 빈산소 수괴가 발달한 것으로 보임) 지표가 되기에 관측값을 이용하여 각 해역의 빈산소 수괴의 경년 변화 특성을 고찰하였다.

1981년에서 2000년까지 20년간 저층 용존산소의 변화경향(그림에서 실선으로 표시)으로부터 오사카, 하리마나다, 히우치나다, 히로시마만은 큰 변화가 없으나, 수오나다는 증가하여(p〈0.05), 다른 해역과는 다른 특성을 보였다.

각 해역의 장기변화 경향의 원인은 빈산소 수괴 발생이 관련되어 있을 것으로 보인다. 각 해역의 기초생산량(표층의 용존산소 포화도로 표시)과 성층 정도(표층과 저층의 밀도차로 표시)의 경년변화를 살펴보았다(그림 63). 기초생산량이 크면 저층의 유기물 부하량이 증가되어, 빈산소 수괴가 형성되기 쉽고, 성층 정도가 강하면 표층에서 저층으로 산소공급이 방해되어 빈산소 수괴는 더욱 발달하게 된다[10].

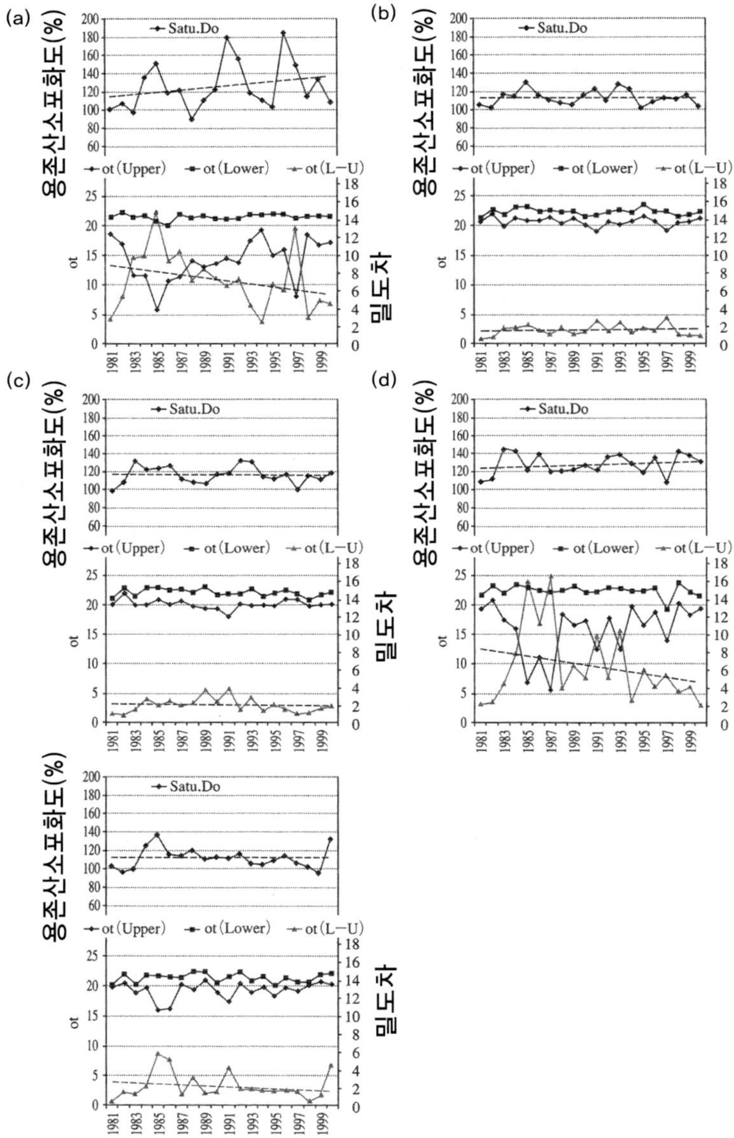


**그림 63.** 오사카만(a), 하리마나다(b), 히우치나다(c), 히로시마만(d), 수오나다(e)에서 7월 표층 수온, 염분, 용존산소 포화도의 경년변화. (파선은 용존산소의 경년변화 양상을 나타냄)

각 해역의 표층의 용존산소 포화도는 각 해역에서 100~180%로 과포화 상태였다. 용존산소 포화도가 180% 이상인 것은 1991년 7월 오사카만은 *Prorocentrum micans*, 1996년 7월에는 *Skeletonema costatum*에 의한 적조 발생하였기 때문이다[11].

파선으로 표시한 표층 용존산소 포화도의 장기변화 경향은 오사카만과 히로시마만에서 통계적 유의성은 없지만, 증가 경향을 보였고, 기타 해역은 변화없이 일정하였다. 같은 파선으로 표시한 표층과 저층의 밀도 차이의 장기 변화는 오사카만과 히로시마만에서 통계적 유의성은 없지만 감소 경향을 보였고, 기타 해역은 변화없이 일정하였다.

오사카만이나 히로시마만 표층의 용존산소 포화도의 증가는 세토내해 전역의 일사량이 그림 64와 같이 증가하고 있기 때문이다. 태양광선의 입사량은 오사카, 시코쿠의 타카마쯔(高松), 히로시마 및 시모노세키(下関)의 기상대에서 측정한 각 년도의 7월 평균값을 이용하였다. 태양 입사량의 세토내해 전역에서 증가하고 있음에도 불구하고, 오사카만과 히로시마만의 표층에서만 용존산소 포화도가 증가하는 이유는 오사카만과 히로시마만의 내만해역은 영양염이 높기 때문이다[12]. 그러나 다른 해역의 기초생산량 역시 영양염 농도에 의존하지만, 최근 세토내해의 대부분 해역에서 영양염 농도는 감소하고 있어[12], 태양 일사량의 증가효과를 감쇠시키고 있을 것으로 판단된다.

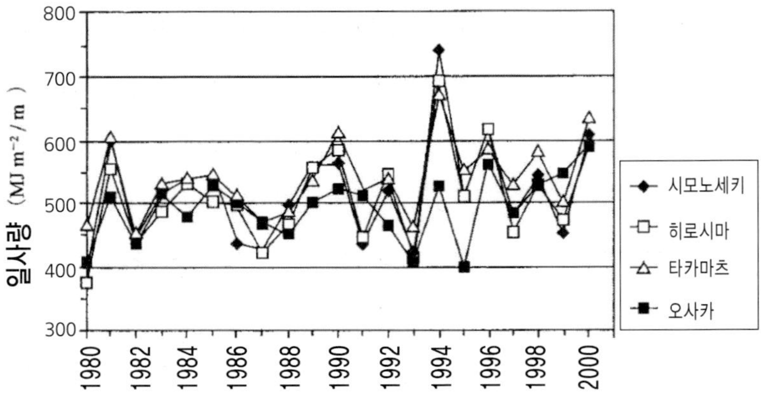


**그림 64.** 오사카, 타카마쯔, 히로시마, 시모노세키에서 7월 일사량의 경년변화.

오사카만과 히로시마만의 내만해역에서 표층과 저층의 밀도차가 감소하는 이유는 그림에서 보여지는 것과 같이, 저층의 밀도는 변하지 않지만, 표층의 밀도가 증가하고 있기 때문으로, 최근 오사카만과 히로시마만의 표층 염분이 증가가 하나의 원인으로 판단된다[13].

이상의 결과에서 오사카만과 히로시마만의 내만해역에서 최근 표층의 기초생산량이 증가하고 있음에도 불구하고, 표층과 저층의 밀도차가 낮아져서, 저층의 용존산소에서 장기적 변화가 보이지 않고 있다. 그리고 하리마나다의 중앙부와 히우치나다의 동부해역은 표층의 기초생산량과 표층과 저층의 밀도차의 장기적 변화가 없어, 용존산소도 장기적인 변화 양상이 없게 보이는 것으로 판단된다. 그러나 수오나다에서 저층 용존산소가 증가하는 것은 표층의 기초생산량 및 표층과 저층의 밀도차에서 장기적 변화 양상이 없어, 이들 요인만으로 설명할 수는 없다. 수오나다의 저층 용존산소의 증가 경향은 최근 수오나다 표층의 영양염 감소(그림 65a), 클로로필 *a* 농도의 감소(그림 65b), 투명도 수심의 상승(그림 65b), 그리고 저층의 태양 입사량 증가로 인하여 저층에 서식하는 저서성 부착 규조류[14]의 광합성 활성이 높아졌기 때문으로 판단할 수 있다.

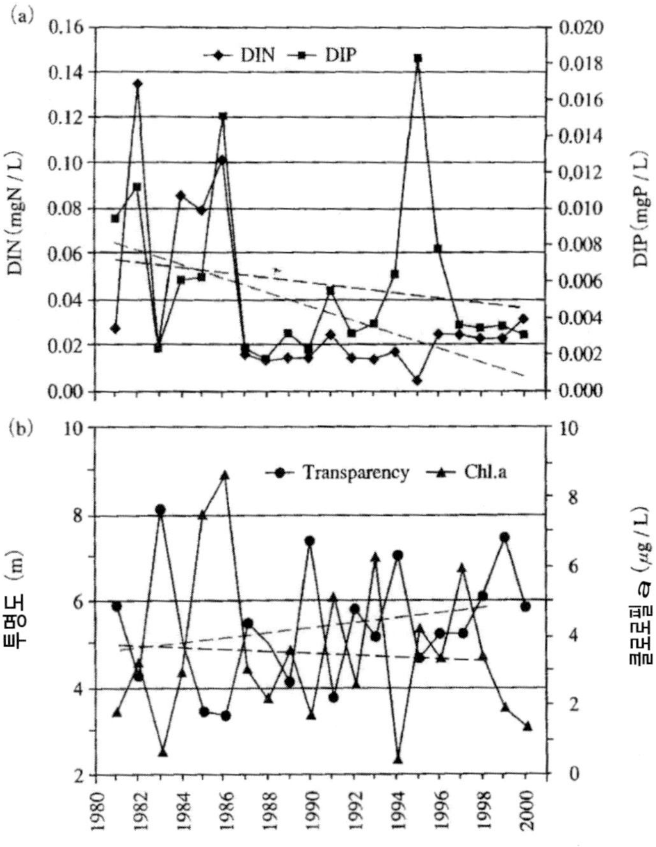


**그림 65.** 수오나다에서 7월 DIN과 DIP(a), 클로로필 *a*(b), 투명도(b)의 경년변화.

육상으로부터 COD(화학적산소요구량) · TP(총 인) · TN(총 질소) 부하량은 최근 20년간 통계적으로 유의하게 감소하였다[12]. 수오나다(周防灘)를 제외하고 육지로부터 영양염 부하량의 삭감은 태양방사와 성층 강도의 경년변화와 비교하면, 결과적으로 세토(瀨戸)내해 성층기의 빈산소수괴 발생방지에 효과적이지 못하다는 것을 시사한다.

## 4. 세토내해 주요 해역 저층의 용존산소 경년변화

앞에서 설명한 것처럼 각 해역에서 저층의 용존산소 경년 변화의 폭은 컸다. 이와 같은 원인을 밝히기 위하여, 각 해역의 7월 저층 용존산소를 목적변수로, 표층의 용존산소 포화도(Satu. DO: 기초생산의 지표)와 표층과 저층의 밀도차(△σt: 성층 정도의 지표)를 설명변수로 하여 중회귀분석을 실시하였다. 그 결과 각 해역의 관계식은 다음과 같다.

오사카만의 내만해역 : DO(L)=-0.008×Satu.DO(U)-0.074×△σt(L-U)+4.65

하리마나다의 중앙부 해역 : DO(L)=-0.024×Satu.DO(U)-0.36×△σt(L-U)+8.07

히우치나다의 동부해역 : DO(L)=0.027×Satu.DO(U)-0.15×△σt(L-U)+3.63

히로시마만의 내만해역 : DO(L)=0.009×Satu.DO(U)-0.018×△σt(L-U)+3.73

수오나다 : DO(L)=-0.003×Satu.DO(U)-0.055×△σt(L-U)+7.20

중회귀분석에 의한 예측값과 각 해역의 실제 저층의 용존산소의 경년변화를 비교하여 그림 66에 나타내었다. 하리마나다(b),

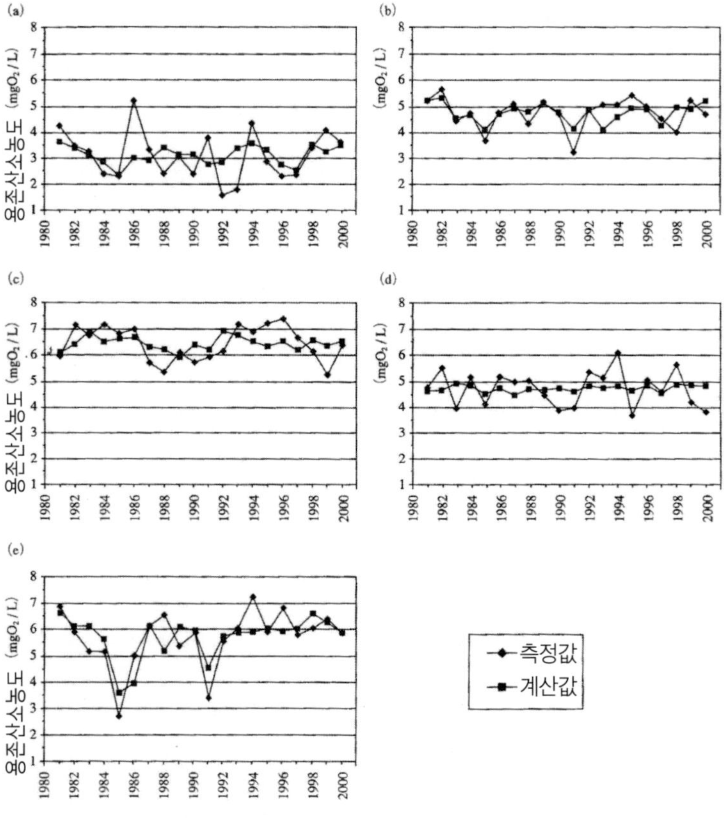


**그림 66.** 오사카만(a), 하리마나다(b), 히우치나다(c), 수오나다(d), 및 히로시마만(e)에서 7월 저층 용존산소의 관측값(다이아몬드)과 계산값(사각)의 경년변화.

히우치나다(c), 수오나다(d)의 경년변동은 회귀식에 의한 예측이 잘 표현되고 있지 않아, 다음과 같은 점을 시사한다.

하리마나다의 중앙부, 히우치나다의 동부 및 수오나다의 서부와 같이 연안에서 큰 하천 유입이 없는 해역에서 빈산소 수괴 발생 및 유지는 [표층의 기초생산량 → 생성된 유기물의 침강 → 저층의 산소소비 → 성층의 발달에 의한 표층에서 산소 공급량의 감소]와 같은 연직 1차원 진행 과정으로 설명이 가능하다. 그러나, 오사카만과 히로시마만의 내만해역은 대형 하천의 유입이 있어, 하구 순환류가 높은 해역이다. 따라서 저층의 빈산소 수괴 발생 및 유지는 기초생산과 성층 정도라는 연직 1차원적 과정만으로 설명이 어렵고, 하구순환류라는 수평적인 산소공급[2][15]이 동시에 작용하는 연직 및 수평의 2차원 과정이 관여한다.

따라서 오사카만의 요도강(淀川), 히로시마만의 오타강(太田川)의 7월 하천유량을 설명변수로 추가하여, 중회귀분석을 실시하였지만 좋은 결과를 얻지 못하였다. 설명변수에 7월의 월평균 하천유입량의 값을 사용하였으나, 실제 수평과정의 하천유량은 매일 변동하기 때문에 수일 단위의 단시간적인 변동 스케일이 필요로 한다[2][10]. 공개된 환경부의 자료는 관측날짜가 기록되어 있지 않기 때문에 더 이상의 자세한 해석은 현재로써 불가하지만, 앞으로 현지 관측일을 알 수 있으면 보다 단시간적 스케일의 중회귀분석을 수행해 보고자 한다.

## 5. 요약

이상의 해석결과, 세토내해 하리마나다의 중앙부, 히우치나다의 동부 및 수오나다의 서부에서 발생하는 빈산소 수괴의 경년변화는 유광층의 높은 기초생산과 성층 발달에 의해 형성되는 것으로 판단되지만, 오사카만과 히로시마만의 내만해역은 하구순환류에 따른 수평방향의 산소운송과정이 중요한 역할을 하는 것으로 보인다.

더욱이 1981년에서 2000년까지 수오나다를 제외한 해역의 저층에서 용존산소의 장기변화는 발견되지 않지만, 수오나다의 저층 용존산소는 통계적으로 유의적인 증가 경향을 나타내었다. 이와 같은 경향은 해역의 영양염 감소로 표층의 기초생산도 감소하여, 투명도가 증가함에 따라 해저의 태양광 증가로 인해, 해저에 서식하는 저서 미세조류의 기초생산량이 증가하고 있기 때문으로 판단된다.

이러한 결과는 세토내해 각 해역의 빈산소 수괴를 해결하기 위해서는 해역의 특성에 맞는 대책이 필요함을 시사한다. 예로서 수오나다의 서부 해역은 부착 규조류의 기초생산량을 증가시키는 것이 유효하며, 하리마나다의 중앙부와 히우치나다의 동부 해역은 영양염 부하량의 저감에 따른 기초생산량 감소에 의한 빈산소 수괴의 발달을 제어할 필요성이 있다. 하지만, 오사카만과 히로시마만의 내만해역은 연직적 1차원 과정뿐만 아니라 수평적인 산소 공급량을 증가시키는 대책이 필요하다.

세토내해의 생태계와 생물자원을 보호하기 위해서는 빈산소 수괴의 발생을 방지하기 위한 보다 많은 기초연구가 필요하다.

## 참고문헌

[1] 永井達樹, 1996. 岡市友利, 小森星児, 中西弘(編)「瀬戸内海の生物資源と環境」, 恒星社厚生閣, 100-108.

[2] 藤原建紀, 岸本綾夫, 中嶋昌紀, 2004. 海岸工学論文集, 51, 931-935.

[3] Yanagi, T., 1986. T. Okaichi (ed), Red Tide. Terra Scientific Pubulishing Compant, Tokyo, 259-322.

[4] Takeoka, H., T. Ochi and T. Takatani, 1986. J. Oceanogr. Soc. Japan, 42, 12-21.

[5] 湯淺一郎, 山崎宗弘, 橋本英資, 宝田盛, 田辺弘道, 1995. 中國工業技術試驗所報告, 44, 9-17

[6] 伊達悦二, 清木徹, 2006. 広島県保健環境センター研究報告, 14, 1-14.

[7] 神薗真人, 江藤拓也, 佐藤博之, 1996. 海の研究, 5, 87-95.

[8] 神薗真人, 吉田幹英, 荒田敞生, 1991. 福岡県豊前水産試験場研究報告, 4, 185-197.

[9] 馬込伸哉, 磯辺篤彦, 神薗真人, 2002. 沿岸海洋研究, 40, 59-70.

[10] 柳哲雄, 2004. 海の研究, 13, 45-460.

[11] 水産庁瀬戸内漁業調整事務所, 1992, 1997, 瀬戸内海の赤潮.

[12] 石井大輔, 柳哲雄, 2004. 海の研究, 13, 389-401.

[13] 石井大輔, 柳哲雄, 高橋暁, 塚本秀史, 2006. 2006年度秋季日本海洋學會講演要約集, p.125.

[14] Sarker, M.J., T. Yamamoto, T. Hashimoto and T. Ohmura, 2005. Fisheries Science, 71, 593-604.

[15] 橋本俊也, 上田亜希子, 山本民次, 2006. 水産海洋研究, 70, 23-3.

(柳哲雄, Yanagi Tetsuo)

(石井大輔, Ishii Daisuke)

제8장

# 바다모래 문제

앞쪽사진 바다모래 채취 광경 : 2008년 8월 한국 남해 배태적 경제수역에서 바다모래채취를 하는 모습으로 모래퇴적층의 모래는 해수와 함께 흡인되어 모래만을 선별하기에 흡인된 해수에 다량으로 포함된 부유사 입자는 주변해역으로 확산되어 간다(자세한 내용은 본문 참조).

# 1. 바다모래 채취의 역사, 현황 및 앞으로의 과제

## 가. 서언

2006년 3월로서 세토(瀨戶)내해 전해역에서 바다모래 채취는 끝을 맺었다 1997년 히로시마현(廣島縣)에서 시작한 바다모래 채취 중지의 움직임은 에히메현(愛媛縣)을 마지막으로 막을 내렸다. 그 동안 논란이 되었던 바다모래 문제는 어떠한 문제였을까? 그의 역사, 현황 그리고 앞으로의 과제에 대하여 기술한다.

## 나. 해저 골재자원 채취

해저 골재(骨材)자원이라는 용어가 보이게 되는 것은 1963년부터 이다[1]. 이때까지만 하더라도 하천의 모래나 암석을 분쇄한 골재가 주었던 것이, 이후에는 산지 및 평야 등 육지는 물론 해저에서 골재공급이 이루어진 것이 보고된다. 엄밀하게 골재자원(砂利資源)과 모래자원(砂資源)은 다르다. 즉 전자는 자갈크기의 입자도 포함되는 것에 반하여, 후자는 입경으로서 모래 크기만을 나타낸다. 본 절에서는 바다모래 자원에 대하여 기술하며, 자료에 의하면 1968년에서 1999년까지 세토내해 전해역에서 약 7.3억$m^3$의 바다모래가 채취되었다[2]. 1968년에서 1999년까지 세토내해에서의 바다모래 채취량을 지역별로 보면, 가가와현(香川縣)에서 가장 많은 1.6억$m^3$, 다음에 오카야마현(岡山縣)과 히로시마현에서 각 약 1.4억$m^3$, 그리고 에히메현은 약 1.1억$m^3$를 채취한 것으로 나타났다.

### 다. 바다모래 문제의 실체는?

바다모래 채취는 대부분 어느 특정의 공통해역에서 실시되었다. 바다모래 문제에 대하여 검토할 때 자원량이나 재생산의 가능성, 채취에 동반된 환경영향이 주된 관심사가 되지만, 그것을 알기 위해 중요한 것은 우선 바다모래 채취가 이루어지는 장소와 세토내해에 대한 전체적 이미지를 명확히 할 필요가 있다. 이미 제2장에서 세토내해 어느 곳이나 모래(모래 퇴적물)가 있는 것은 아니라는 것에 대해 설명하였다. 세토내해에 분포하는 모래에는 2종류가 있다. 하나는 해안부근에 분포하는 모래이며, 또 하나는 해협부(海峽部) 가까운 해역에서 조류가 조금 완만한 해저에 퇴적되어 있는 모래이다. 이 중 세토내해에서 바다모래 채취는 주로 후자의 해역에서 이루어졌다는 것을 지금까지 바다모래 채취허가 해역의 분포로부터도 명확히 알 수 있다. 건설부 국토지리원(당시)의 조사결과를 기본으로 판단하면, 바다모래 채취 허가해역(그림 67)은 세토내해가 바다로 되면서부터 퇴적된 지층이 두껍게 분포하여(그림 68), 해저 퇴적물이 모래인 해역(그림 69)과 일치한다. 즉 해저의 모래 산(우리들을 이를 모래톱((砂堆, sand bank)이라고 부른다)로부터 바다모래를 채취하고 있었던 것이 된다. 즉 선박을 한 장소에 잠시 멈추어 펌프로 모래와 해수를 함께 빨아드리는 방법으로 바다모래를 채취할 경우, 작업효율을 생각한다면, 모래가 두껍게 퇴적되어 있는 것이 필수적이라 할 수 있다. 반대로 모래층이 얕은 해역

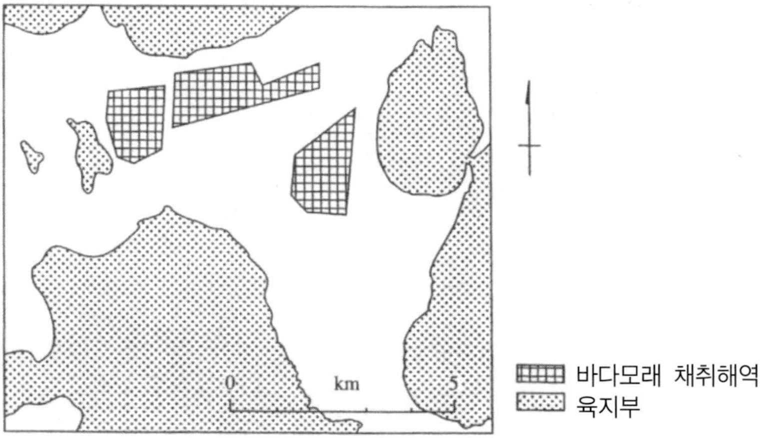


**그림 67.** 바다모래 채취허가 해역의 예.
(뜨개질 눈금이 바다모래 채취허가 해역을 나타낸다)

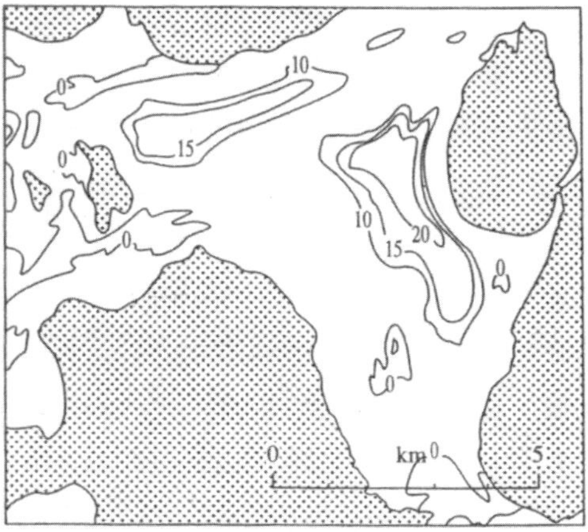


**그림 68.** 세토내해 형성이후 퇴적층의 두께분포 예.
(퇴적층 두께의 단위는 m)

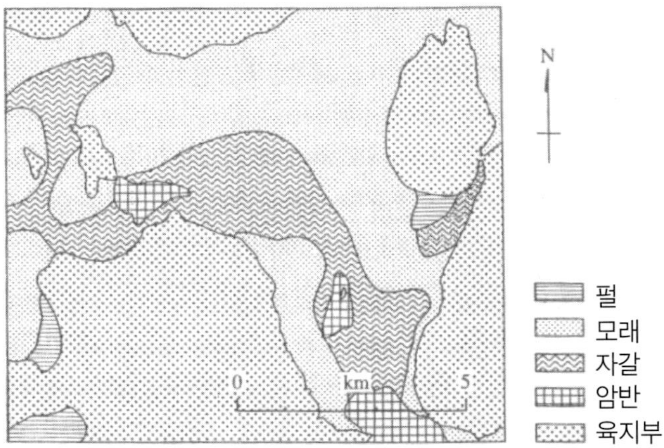


**그림 69.** 해저 퇴적물 분포도의 예.
(허가해역은 "모래"의 분포역이다)

에서의 작업효율은 매우 나쁘게 된다. 허가해역은 전자와 같은 두꺼운 모래층을 형성하는 장소에 집중적으로 설정되어 있고, 모래층이 얕은 곳은 보이지 않는다. 이상에서 바다모래 채취에 따른 문제는 모래톱를 형성하는 모래 퇴적물의 형성, 양, 형성 속도 및 모래톱 주변환경에서 발생하는 부유사의 확산에 관한 문제라는 것이 명확하게 되었다. 그러면 모래톱는 어떻게 형성된 것일까?

라. 모래톱의 형성

세토내해의 모래는 크게 2종류로 구분되는 것은 이미 설명하였다. 연안부근의 얕은 해역에 있는 모래 대부분은 하천을 통해 산이나 평야로부터 운반된 것, 또는 파랑에 의해 부서진 해안부근의 암석 입자가 파(波)의 작용에 의해 해안을 따라서 이동한 것이다.

한편 해협부근의 조금 깊은 해저에 있는 모래는 조류가 해저를 침식한 결과 형성된 암석 및 광물파편이 조류에 의해 운반되어, 조류가 약한 곳에 퇴적한 것이다. 모래톱을 구성하는 모래 입자는 그의 대부분이 후자에 해당한다. 최근 모래톱의 연구결과, 해협(海峽, 海釜)으로부터 암석 조각이나 광물입자 이외에도 만각류 등의 암반 부착성 생물파편도 모래톱의 한 구성원이 되고 있음이 명확해졌다. 이와 같은 내용으로부터 모래톱을 구성하는 퇴적물의 구성도 당초 암석이나 광물 파편이 주가 된다는 것에서 생물파편이 주가 되는 것으로 순차적으로 변화할 가능성도 있다. 모래톱의 형성에는 조류가 크게 관여한다는 것은 명확하다. 즉 조류가 발생하면서 모래톱 형성이 시작되었기에, 모래톱도 역사적인 산물이라 할 수 있다. 모래톱 형성은 세토내해가 바다가 되고, 조류에 의해 해저가 침식을 받게 되면서부터 형성되기 시작하였다. 이와 같은 내용은 세토내해 해저의 음파탐사기록으로부터 모래톱을 구성하는 퇴적층이 바다 형성이후에 퇴적된 지층에서 연속적으로 변화하는 것으로부터도 확인된다. 제2장에서 세토내해의 해저에 넓게 분포하는 모래 퇴적물은 해협부근의 해부역(海釜域)이 침식을 받아, 운반되어 왔음을 기술하였지만, 모래톱을 형성하는 모래 퇴적물도 원인적으로는 동일하다고 할 수 있다. 이상에서 모래톱 형성은 세토내해가 바다가 되면서 수 천 년이란 세월이 소요되었음을 알 수 있다. 즉 모래톱의 성장속도는 매우 느리고, 빠른 곳에서 연간 수 mm정도이다. 이 모래톱이 소실된다면, 회복에는 적어도 같은 정도의 기간이 필요하게 된다. 다만 현재 대부분의 해협부는 이미 조류에 의한 침식력과 해저지형과는 평형에 도달된 것으로 판단되기에, 모래톱의 회복에는 형성되는 기간보다 더욱 오랜 기간이 필요하다고 할 수 있다.

### 마. 바다모래 채취의 문제점

바다모래 채취의 영향 및 쟁점이 된 사항은 다음과 같다. 해안침식, 지반침하, 해조장의 소실, 생물에의 영향, 흐름의 변화, 환경파괴의 지속 및 채취지속의 가능성 등이다. 이 중 해안침식과 지반침하에 대해서는 바다모래 채취가 원인이라고 할 수 있다. 그러나 바다모래 채취는 원칙적으로 해안부근의 모래가 아닌 외해역 모래를 채취하기에 원래 이와 같은 문제와 관계가 없다. 그것이 해안침식이나 지반침하를 발생시켰다고 한다면, 일설로 야음을 틈타 해안부근의 모래를 채취하였다는 이야기도 있고, 그것이 원인이 될 가능성이 있다. 해안 부근의 모래를 채취하면 해안침식이나 지반침하에 연결되는 경우가 많다.

해조장이 없어지는 것에 대해서는 "여수"라고 불리는 부유사가 바다모래 채취와 함께 발생하고, 바다모래 채취선에서 대량으로 배출되었던 것이 문제가 되어, 그의 확산에 대하여 논란이 있었다. 바다모래를 채취하는 쪽에서는 고농도의 부유사가 배출되어도 채취선에서 멀어지면 바로 해수가 투명해진다고 반론하지만, 부유사를 구성하는 입자의 입경으로부터 입자의 침강에는 상당한 시간을 필요로 하며, 입자가 침강하는 동안에도 상당히 넓은 범위의 해역까지 확산될 가능성이 있다는 것을 이론적으로 제시하였다. 실제 바다모래 채취가 중지된 이후, 세토내해 각지에서는 해조장이 회복되었다는 보고가 있다[4]. 또 바다모래 채취에 의해 해저 모래밭에서 하면(夏眠)하는 까나리나 창고기의 서식처가 없어지는 것이 문제가 되었다. 특히 세토내해에서 식물망(food web)에서 중심이 되는 단서 생물종(key species)인 까나리가 선호하는 모래의 입경과 콘크리트 등에 적합한 모래의 입도가 거의 일치하여(0.5~2mm), 지속적인 바다모래 채취는 까나리 자원을 시작으로 연계적인 기타의 어류에 영향을 미치게 된다. 어종의 소멸에는 환경요인 이외에도 여러 가지 요인이 생각되어 지나, 이들 상호 인과관계를 증명하는 것은 곤란하다. 다만 바다모래 채취 중지 이후 세토내해에서 까나리의 자원이 회복되고 있다고 한다. 이상의 내용에 대한 구체적인 내용은 8장 2~4절에서 기술한다.

흐름의 변화에 대해서는 단순화하여 기술하면 수로를 협소하게 하고 있던 모래톱이 소멸되거나, 축소되어 수로의 횡단면이 커지기에 해역의 조류 유속은 다소 낮아진 것이 수치계산의 결과로도 나타났다. 그러나 모래가 모여 있는 해역에 펄이 퇴적할 수 있을 정도의 유속저하는 없었다고 한다.

채취지속의 가능성에 대해서는 바다모래 자원이 역사적 산물이고, 그 회복에는 장기간을 필요로 하는 것으로부터 결국은 없어지는 자원, 즉 석유나 석탄 같은 화석 자원적인 취급이 필요하다는 것이 넓게 인식되어, 그 유한성이 채취중지의 판단근거 중 하나가 되었다. 남은 문제는 해저 퇴적물의 자갈화 된 해저환경의 회복에 관한 문제이다.

### 바. 바다모래 채취 이후 해저지형의 변화

바다모래를 채취한 다음의 해저지형의 변화에 대해서는 미하라 세토(三原瀨戶)해역(다케하라(竹原) 외해역)과 오미시마(大三島) 남방 해역을 예로서 기술한다. 미하라 세토해역은 바다모래 채취해역 중에서도 지형변화가 가장 심하고, 과거에는 10m 보다 얕은 해역이었던 노우지타이(能地堆), 누노카리노수(布刈ノ洲)로 불렸던 수심의 얕은 퇴(淺瀨, 淺堆)가 지금은 수심 50m 이심의 해역으로 변화하였다(그림 70)[5]. 이 해역은 해저 퇴적물의 변화도 매우 심하여 자갈이 넓게 분포하고 있는 것이 해저비디오 카메라 등으로 확인되었다. 그러나 이들 해역에서도 모래 퇴적물 분포가 국지적으로 보여, 그 일부가 년간 수십 m의 속도로 이동하는 것이 지속적인 조사에서 확인되었다(그림 71). 즉 채취하다 조금 남겨진 해역의 모래가 조류에 의해 이동되어, 자갈화된 해저를 다소나마 덮으면서 회복되는 것으로 생각되었다. 다만 모래이동이 확인된 것은 한정된 해역이고, 바다모래 채취에 동반하여 형성된 요철(凹凸)지형이 아직 그대로 남아있고, 모래의 생산량이 적기 때문에 전해역의 자갈을 모래로 덮는 것과 같은 현상은 발생하지 않을 것이다.

한편 오미시마 남방의 외해역은 원래 있었던 모래톱이 뿌리까

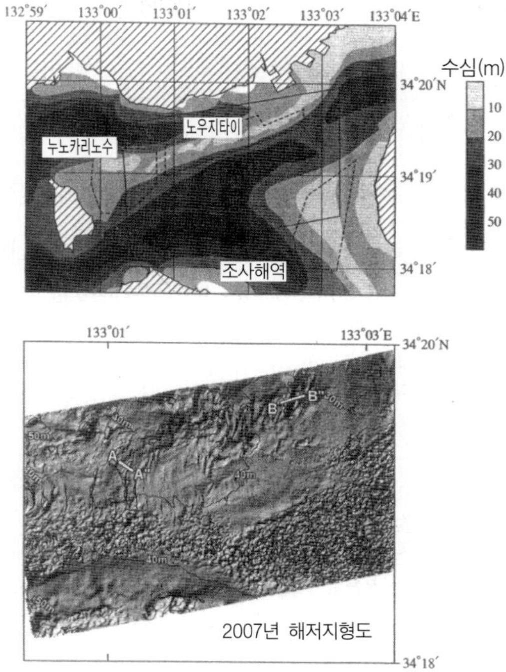


**그림 70.** 미하라세토해역의 수심변화도. 1963년과 2007년의 해역수심비교 (수심은 그림 속에 범례로서 나타냄).

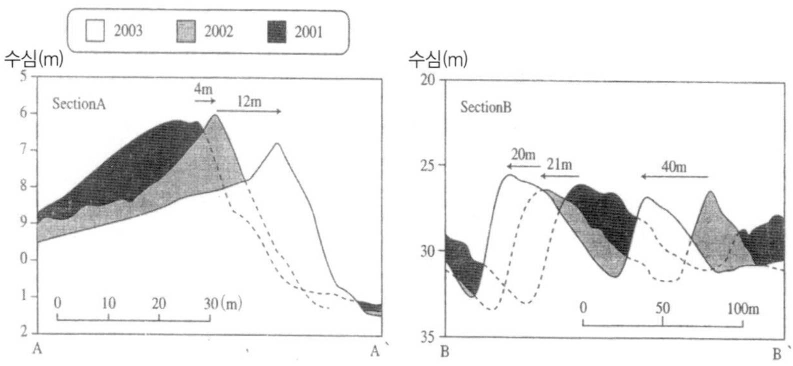


**그림 71.** 모래톱 지형의 이동상황 (2001년, 2002년, 2003년의 모래톱이동을 나타냄).

지 채취되지 않았기에 해저 퇴적물의 회복을 보게 되었다. 본 해역에는 모래톱 전체가 채취허가 해역으로 되지 않았던 이유도 있었고, 허가해역 밖에서 채취 후 주변의 해저로부터 사질퇴적물의 공급이 있어, 자갈화된 해저에도 보다 세립한 모래가 이동한 것을 보여주는 퇴적물 입도조성이 관찰되었다. 이로부터 미하라세토 해역과는 달리 오미시마 남방해역은 자갈화된 해저에도 측방으로부터 이동한 모래에 의해 해저 퇴적물의 회복될 가능성이 있음을 나타내는 것이라 할 수 있다. 단, 바다모래 채취에 의해 축소된 모래톱의 체적이 회복하는 속도는 느리고, 모래톱 체적의 회복에는 수천년이라는 시간이 필요하게 된다.

### 사. 결론

맺음말을 대신하여 바다모래 채취 이후 해역의 전망에 대하여 코멘트한다. 바다모래 채취 종료와 함께 바다모래 채취에 의해 직접적으로 발생한 문제점에 대해서는 일부 개선이 보이고 있다. 예를 들면 여수에 의한 부유사의 발생이 없어지면서 해조장은 회복되고 있다. 또 해저 퇴적물의 악화도 지금 이상은 진행되지 않을 것이고, 까나리 등의 수산자원도 장기적으로는 회복될지도 모른다. 그러나 소실된 모래톱의 지형이 회복될 가능성은 거의 없다. 문제는 서식지를 잃어버린 까나리와 관련하여 자갈화된 해저 퇴적물의 복원에 관한 내용이다. 藤原(미발표자료)에 의하면, 자갈화된 해저에도 모래 두께를 10cm 정도 덮으면 까나리의 서식은 가능하다고 한다. 오미시마 남쪽해역에서는 이와 같은 해저 퇴적물 복원이 충분히 가능하다. 또 모래를 거의 남기지 않을 정도로 채취된 해역은 인공적으로 모래를 투입하여 조류에 의한 자연 이동에 의한 해저 퇴적물 회복도 가능할 수도 있다. 이에 대하여는 매몰에 사용될 재료나 투입의 찬반, 투입장소나 투입량에 관하여 더욱 이론적 검토와 현지조사가 필요할 것이다.

반복되지만, 모래톱 전체의 지형적인 회복에 대해서는 가능성이 낮지만, 해저 퇴적물의 회복은 가능성이 있다는 것이 이번 저자들이 논의 중에 나타났다. 부근의 해저로부터 퇴적물의 이동에 의해 해저 퇴적물이 10cm 정도의 모래가 퇴적되는 것은 가능하다도 생각된다. 경제적인 투자대비 효과의 검토를 포함하여 더욱 심도 있는 토의를 기대한다.

## 참고문헌


[1] 環境省水環境部閉鎖性海域對策室, 2002. 瀬戸内海における海砂利採取とその環境への影響（瀬戸内海海砂利採取環境影響評價調査最終とりまとめ). 75p.

[2] 建設省國土地理院, 1978. 沿岸海域基礎調査報告書 (三津地區), 建設省國土地理院, 56p.

[3] 建設省國土地理院, 1979. 沿岸海域基礎調査報告書 (土生地區), 建設省國土地理院, 72p.

[4] 湯淺一郎, 高橋曉, 2006. 瀬戸内海, 45, 7-12.

[5] 井内美郎, 2006. 瀬戸内海, 45, 20-25.


(井内美郎, Inouchi Yoshio)

## 2. 바다모래 채취에 발생하는 부유사의 거동

### 가. 바다모래 채취가 해양환경에 미치는 영향 연구

바다모래 채취에 동반한 수질, 해저 퇴적물과 지형, 그리고 생태계 등에 영향이 지적되어, 2006년 에히메현을 최후로 세토내해 전해역에서 바다모래 채취가 금지되었다. 그러나 바다모래 채취 금지가 바로 환경복원으로 연결되는 것은 아니기에, 지금까지 바다모래 채취에 의해 해역이 받은 영향을 분명하게 밝혀, 환경개선을 위한 기초적인 지혜를 얻는 것은 중요하다.

바다모래 채취에 의한 환경에의 영향은 크게 2가지로 구분된다. 즉, 첫째는 직접적인 해저 굴착에 의한 모래층의 소실과 그에 따른 해저지형의 변화이고, 둘째는 바다모래 채취에서 모래와 함께 유입된 해수에 포함되어 모래 채취선박에서 배출되는 미세입자에 의한 부유사의 영향이다. 첫째의 해저굴착에 의한 모래층의 소실은 모래밭을 서식장으로 하는 까나리 등의 생물량 감소, 또는 해저굴착에 의한 해저지형 변화가 유황(流況)에 미치는 영향[1]이라고 하는 점에서 중요한 문제가 된다. 한편 둘째의 바다모래 채취선에서 배출된 부유사의 영향은 부유사의 확산과 투명도의 저하가 문제가 된다. 바다모래 채취는 대부분 수중 펌프를 이용하는 채취선에 의해 실시되기에 해수와 함께 흡입되어 올라온 모래는 수회 채로 구분되어 저사조(貯砂槽)에 수납되고, 모래보다 작은 입자는 흡입된 다량의 해수와 함께 선외로 배출된다. 이 부유사에 의해 주변해역의 투명도가 낮아져, 식물플랑크톤이나 해초의 광합성을 저해하는 것이 지적되었다. 그러나 실제 바다모래 채취선에서 배출된 높은 농도의 부유사의 입자가 침강하는데 어느 정도 시간이 필요한 것인지? 또는 높은 농도의 부유사 중의 입자가 어느 정도 시간에 어느 정도의 범위까지 확산되는 것인지?에 대한 조사 및 연구는 매우 적다[2][3][4]. 이 절에서는 특히 바다모래 채취에 동반되는 부유사에 의한 영향이라는 점으로부터 바다모래 채취시의 부유사의 거동에 대하여 기술한다.

### 나. 바다모래 채취에서 배출된 부유사 입자의 함유량과 크기

바다모래 채취선에서 배출된 해수에서 부유사의 함유량(Suspended Solid, SS)은 매우 높아 350～650mg/L 수준이라고 한다[5]. 바다모래로서 채취되는 입자는 50～80%가 500～2000㎛의 조립한 입자로서, 이 보다 작은 입자는 해저로부터 채취되더라도 대부분이 여수로서 채취선에서 선외로 배출된다[6]. 해역에 배출된 높은 농도의 부유사 중의 입자크기에 대해 바다모래 채취선의 배수구에서 배출되는 부유사를 직접 채취하여 입자계수기(coulter counter)를 이용하여 조사한 결과, 입경 5㎛ 이하의 입자가 전체 입자에서 차지하는 비율이 개수로서는 97～99%, 체적으로서는 44～50%였음을 보고하였다[7]. 多田 등[3]은 가가와현 쇼도시마(小豆島) 부근의 바다모래 채취해역에서 바다모래 채취선에 20～50

까지 근접하여 채취한 표층해수의 부유사를 공경이 다른 필터를 이용하여 여과하는 방법으로 입자 크기를 조사한 결과, 대부분의 시료에서 20㎛ 이상의 입자 SS량이 전체 SS량에 차지하는 비율은 약 20% 이하이고, 0.4~10㎛의 SS량이 전체에 대해 32 ~85%(평균 52%)를 점유하였다. 즉 20㎛ 이상 크기 입자의 비율은 매우 낮고, 대부분은 10㎛ 이하의 크기를 나타내는 입자에 의해 구성되고 있음을 알 수 있다. 실제 광학현미경 관찰에서도 10㎛이하 크기의 입자가 많이 발견되었다. 또 星加 등[8]도 비산세토해역에서 바다모래 채취선 가동시에 채취된 부유사의 입도조성은 중앙입경이 8㎛인 것으로 보고하였다. 이들 결과를 종합하면, 해역에 배출되는 부유사 중의 입자는 바다모래로서 채취되는 입자(500~2000 ㎛)에 비해 매우 크기가 작은 입자라 할 수 있다. 또 이들 부유사 중의 입자는 해수 중에 존재하는 각종 입자와 비교하여도 매우 작다. 예로서 세토내해의 주요한 식물플랑크톤종이나 동물플랑크톤의 분립(糞粒, fecal pellet)이 수십㎛에서 수mm인 것에 비하면, 바다모래 채취에서 배출되는 부유사의 입자 크기는 매우 작다고 할 수 있다.

### 다. 바다모래 채취에서 배출된 부유사 미립자의 침강속도

부유사 입자의 침강속도를 구하는 간이적인 측정방법에 부유사 농도의 시간변화로부터 침강속도를 산출하는 방법이 있다[2]. 이 방법은 바다모래 채취선에서 배출된 부유사를 채취하여, 투명

아크릴 원통에 실리콘 튜브를 장착한 장치(그림 72)를 이용하여, 입자의 평균 침강속도를 구하는 방법이다. 실험할 때에는 장치를 잘 교반하여 부유사 시료를 넣고, 실험시작 후에 그림 72에 나타낸 주사기로 원통 속의 부유사 시료를 채취하여 시간변화에 따른 탁도(660nm의 흡광도)를 측정(약 50~100시간 이후까지)한다.

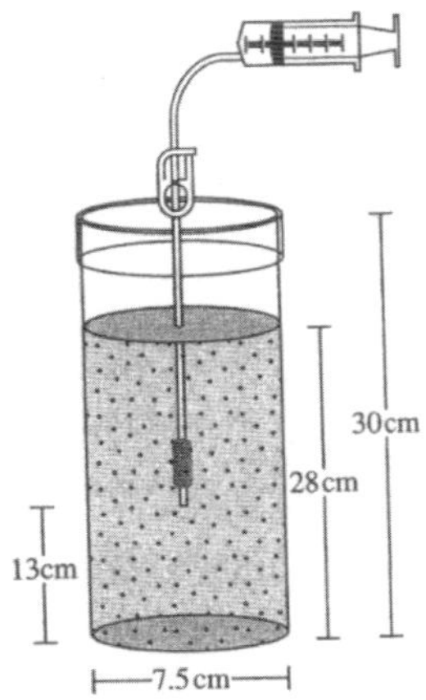


**그림 72.** 탁도변화 측정장치[2]

또 별도의 실험을 이용하여 높은 농도의 부유사를 여과해수로 희석하여 여러 단계 농도의 시료를 준비하여, 탁도와 SS량을 측정하여 얻어진 값으로 두 개 항목 사이의 관계식을 구해 660 nm의 흡광도로부터 SS량을 산출한다. 이 과정에서 얻어진 입자농도의 시간변화와 침강속도와의 관계는 다음 식으로 나타낸다.

$$V\frac{\partial C}{\partial t} = -A \cdot W_s \cdot C$$

$$\therefore \ C = C_0 \times \exp(-\frac{W_s}{H} \cdot t) \qquad (1)$$

단, $C$는 입자농도, $C_0$는 초기농도, $W_s$는 침강속도, $A$는 아크릴 원통의 단면적, $V$는 체적, $H$는 수심, $t$는 시간이다

그림 73에는 실험 결과를 나타내었다. 그림 73(a)는 탁도(660nm의 흡광도)가 지수함수적으로 감소하는 경향을, 그림 73(b)는 부유사의 탁도와 SS농도의 관계를 나타내었다. 그림 73(b)에서 얻어진 관계식을 이용하여 탁도를 SS농도로 환산하고 식 (1)을 이용하여 얻어진 부유사 중의 SS농도의 시간변화(그림 73(c))에 의해, 입자의 침강속도를 계산하였다(표 11). 가가와현(香川縣) 쇼도시마 부근의 바다모래 채취해역에서 실시한 6회의 실험결과 침강속도는 0.15~0.77 m/day, 평균으로 0.43±0.18 m/day (n=11)였다. 평균 0.43 m/day라는 침강속도는 해수 중에 존재하는 각종 입자의 침강속도와 비교하면 매우 작은 값이다. 예로서 식물플랑크톤의 침강속도는 0~30 m/day, 동물플랑크톤의 일종인 요각류는 36~720 m/day, 동물플랑크톤 분립은 36~376 m/day, 어류의 알은 215~400 m/day이기에[9], 바다모래 채취에 동반하여 발생하는 탁수중의 입자의 침강속도가 얼마나 낮은 값인가를 잘 알 수 있다.

다음으로 실제 입자 크기에서 추정되는 침강속도에 대하여 생각하여 보자. 일반적으로 유체에서 침강하는 입자의 침강속도는 다음의 스토크스(Stokes)의 식으로 표현된다.

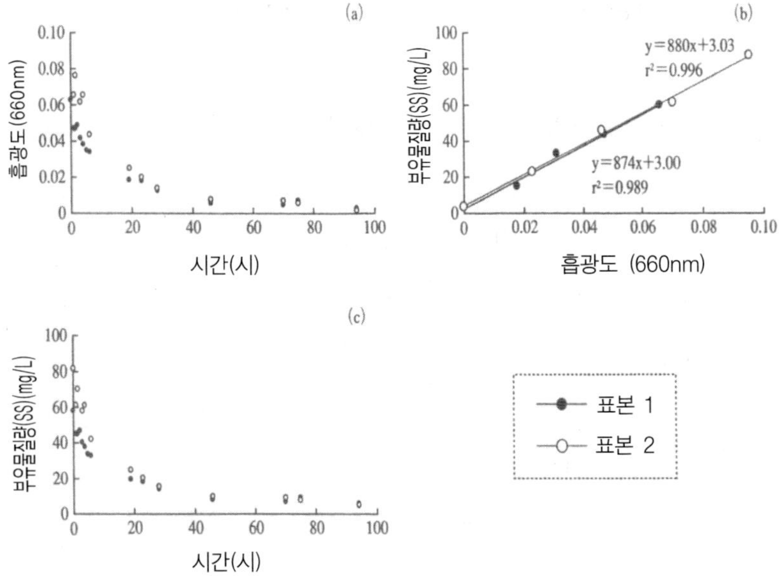


**그림 73.** (a) 탁도의 감소, (b) 탁도와 SS농도의 관계 (c) 환산된 SS농도의 감소. 그림은 2003년 4월 가가와현 쇼도시마 부근의 바다모래 채취해역에서 채취한 시료(Sample 1 및 Sample 2)에서 얻어진 결과[2].

**표 11.** 실내실험에 의한 침강속도와 사용한 높은 부유사를 포함한 해수의 SS량

| 관 측 일 | 높은 탁도수의 SS량 (mg/L) | 침강속도 (m/day) |
|---|---|---|
| 2002년 7월 18일 | 51.65 | 0.46 |
| | 51.51 | 0.42 |
| 2002년 8월 9일 | 65.97 | 0.55 |
| 2003년 2월 4일 | 17.12 | 0.15 |
| | 40.58 | 0.21 |
| 2003년 4월 14일 | 93.89 | 0.63 |
| | 152.59 | 0.77 |
| 2003년 4월 21일 | 47.46 | 0.29 |
| | 71.80 | 0.37 |
| 2003년 6월 4일 | 74.48 | 0.42 |
| | 109.94 | 0.50 |
| 평 균 | | 0.43 |

$$V = \frac{D^2(\rho p - \rho f)g}{18\eta} \tag{2}$$

위 식에서 V는 침강속도(cm/sec), D는 입자의 직경(cm), $\rho p$는 입자의 밀도(g/cm$^3$), $\rho f$는 유체의 밀도(g/cm$^3$), g는 중력가속도(980cm/sec$^2$), $\eta$는 점성(포아즈=g/sec/cm)이다. 위 식에서 표현되는 것처럼 입자상 물질이 해수에 침강하는 속도는 입자 크기에 따라 다르고, 입자의 침강속도는 입자 직경의 제곱에 비례한다. 단 스토크스 식에서 입자의 형태는 구(球)로 가정한다. 지금 부유사 중의 입자가 석영의 구형 입자라고 가정하여 이 식을 이용하여 각 크기별 입자의 침강 속도를 표 12에 나타내었다. 계산에서 $\eta$=0.0140 포아즈, $\rho f$=1.0 g/cm$^3$, $\rho p$=2.6 g/cm$^3$으로 하였다.

앞에서 설명한 것과 같이 바다모래 채취선에서 배출된 부유사에서 20㎛ 이상의 입자가 점유하는 비율이 매우 적고, 대부분이 0.4~10 ㎛의 입자였다. 직경이 0.4, 5 및 10 ㎛의 입자라면 스토크스 식에서 추정되는 침강속도는 각각 0.01, 1.34 및 5.38 m/day가 된다. 그러나 실제 실내 실험에서 얻어진 침강속도는 0.15~0.77 m/day (평균 0.43±0.18 m/day, n=11)로서 스토크스의 식에 의해 추정된 침강속도와 비교하여 매우 작다. 즉 실험에서 얻어진 침강속도 0.43 m/day라고 하는 값은 계산적으로는 거의 2~4 ㎛의 입자 크기에 해당한다. 이와 같이 스토크스의 식에서 추정된 침강속도가 과대평가 되는 이유로서 스토크스의 식에서 입자의 형태를 구로 가정한 것에 반해, 실제 바다모래 채취해역의 입자는 광학현미경

**표 12.** 스토크 식에 의해 추정된 각 크기별 입자의 침강속도

| 입자의 직경(μm) | 침강속도(m/day) |
|---|---|
| 0.4 | 0.01 |
| 1.0 | 0.05 |
| 2.0 | 0.22 |
| 3.0 | 0.48 |
| 4.0 | 0.86 |
| 5.0 | 1.34 |
| 10 | 5.38 |
| 25 | 12.1 |
| 20 | 21.5 |
| 25 | 33.6 |
| 30 | 48.4 |
| 50 | 134 |
| 100 | 538 |
| 200 | 2150 |

관찰에서도 명확하게 된 것처럼 구형이 아닌 것에서 오는 차이로 보아진다.

이상과 같은 바다채취에 동반하여 발생하는 부유사 중의 입자의 침강속도는 0.15~0.77 m/day로 매우 작고, 해수 중에 존재하는 다양한 입자와 비교하여도 매우 적다고 판단되었다.

라. 바다모래 채취에서 배출된 부유사 입자의 확산

부유사 중의 미립자의 확산 상황은 간단한 수치모델로서 계산할 수가 있다[4]. 여기서는 연직단면의 2차원 모델(그림 74)을 생각해 본다. 해수 표층 중앙부를 좌표원점으로 하여 수평방향에 X축,

연직방향에 Z축을 취하고 수심(H)는 일정한 것으로 하며, 수평방향의 계산영역은 X축 양쪽으로 거리 L로 하였다. 바다모래 채취선에서 부유사 배출은 좌표원점에 일정 농도($C_0$)로 주게 된다. 해수에서 부유사 입자의 수평수송은 조류에 의한 전단효과 등을 포함한 수평 와동 확산 만이라고 가정하고, 부유사의 침강속도를 $W_s$라고 하면, 부유사 입자 농도(C)의 시간 및 공간 변화는 다음 식으로 표현된다.

$$\frac{\partial C}{\partial t} = K_h \frac{\partial^2 C}{\partial x^2} + K_z \frac{\partial^2 C}{\partial z^2} - W_s \frac{\partial C}{\partial z} \qquad (3)$$

여기에서 t는 시간, $K_h$는 수평와동 확산계수, $K_z$는 연직 확산계수이다. 실제 모델계산에서 바다모래 채취선에서 부유사를 채집

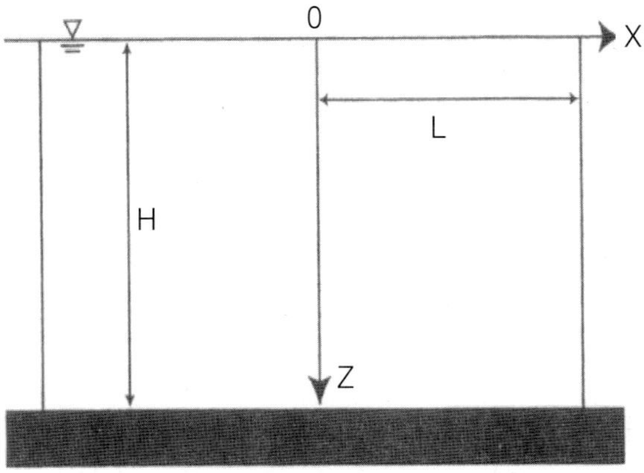


**그림 74.** 높은 농도의 부유사 중의 미립자의 확산 모델[3].

(X는 수평방향, Z는 연직방향, H는 수심, L은 계산의 수평거리)

한 하리마나다를 대상해역으로 하여, 계산 수평거리(L)를 40km, 수심(H)을 30m로 하여 수평방향에 200 mesh (1 mesh: 2km), 연직방향에 30 mesh (1mesh: 1m)를 설정하여[4], 식 (3)을 차분화하여 부유사 입자 농도(C)의 시간 및 공간 변화를 계산하였다. $K_h$, $K_z$는 세토내해에서의 평균적인 값인 $K_h = 1.0 \times 10^2\, m^2/s$[10], $K_z = 5.0 \times 10^{-4} m^2/s$[11]로 하였다. 계산 영역외(X〉L, X〈-L)에는 경계조건으로 일정의 부유사 입자 농도 $C_{out}$를 연직적으로 일정하게 주었다. $C_{out}$는 하리마나다에서 바다모래 채취가 없는 해역의 평균적인 부유사 입자 농도인 3.5 mg/L로 하였다. $C_0$ 및 $W_s$에 대해서는 현장관측과 실내실험 결과에 의해 각각 70.6 mg/L와 0.43 m/day라는 값을 이용하였다[3]. 초기상태는 전체 계산영역의 부유사 입자 농도를 $C_{out}$로 하였다. 계산의 타임 스텝은 30초로 하였다. 또 가가와현[7]에 의하면, 바다모래 채취선의 작업시간은 아침 7시부터 11시까지 약 4시간이라고 한다. 그래서 계산시작(t=0)에서 4시간 후까지 배수를 하는 것(좌표 원점의 mesh의 부유사 입자 농도를 강제적으로 $C_0$로 한다)으로 하여, 그 이후는 배수를 하지 않은 것으로 하여 계산하였다. 하리마나다에서 바다모래 채취를 하지 않은 해역의 평균적인 부유사 입자 농도는 3.5 mg/L, 그의 표준편차는 약 1.5 mg/L이기에 부유사 입자 농도가 5.0 mg/L 이상을 바다모래 채취선에서 배출된 높은 탁도수의 영향범위로 가정하였다.

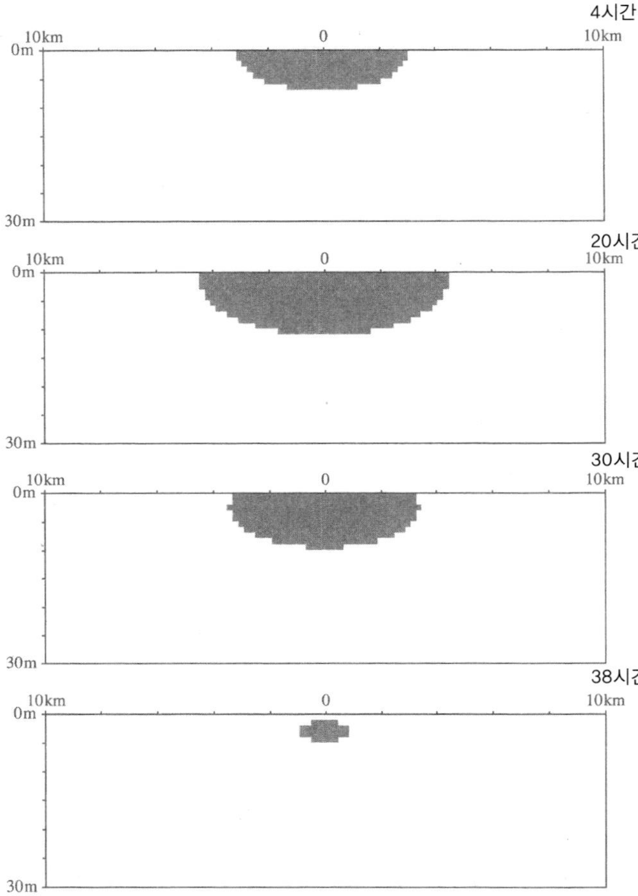


**그림 75.** 부유사 중의 미립자의 확산 계산결과[3].
(진한 부분은 SS농도가 5.0mg/L 이상의 부분을 나타냄)

계산 결과를 그림 75에 나타내었다. 배출종료 시점(4시간 이후)에는 영향범위가 수평적으로 약 3km, 연직적으로는 5m까지 확대되었다. 그 이후 시간이 경과됨에 따라 영향범위는 수평 및 연직적으로 확대되어, 배출개시로부터 20시간 후에는 최대(수평 4.4km,

연직 10m)가 되었다. 그 후 영향범위는 서서히 작아지고 배출개시 이후 38시간 지난 다음에 소멸하였다. 이와 같은 수치모델의 계산 결과, 높은 농도의 부유사의 영향은 바다모래 채취선 가동 때에만 일시적으로 발생하는 것이 아니라, 채취 이후에 적어도 수십 시간은 부근의 해역에 그 영향을 미치는 것으로 나타났다.

### 마. 바다모래 채취에서 배출된 부유사 입자의 화학조성

多田 등[3]은 바다모래 채취선에서 배출된 부유사, 같은 해역에서 바다모래 채취 이후 23시간이 경과한 다음의 표층해수, 및 바다모래 채취가 없는 해역의 해수에 대하여 부유사 입자의 원소조성을 X선 마이크로분석기(EPMA)를 이용하여 측정하였다. EPMA 분석은 에너지 분산형 X선분광기(EDS)에 의한 정선분석이다. EPMA에 의한 분석결과의 일예를 그림 76에 나타내었다. 바다모래 채취선에서 배출된 부유사의 입자 시료에는 알미늄(Al)과 규소(Si)에서 높은 피크가 보인다. 즉 바다모래 채취에 의해 배출된 부유사 입자에는 Al과 Si를 기본으로 하는 광물이 많이 포함되어 있는 것을 나타낸다. 또 바다모래 채취선의 채취종료 이후 23시간이 지난 동일 해역의 해수시료에서도 Al과 Si에서 높은 피크가 보여, 부유사의 입자와 매우 유사한 화학조성을 보였다. 그러나 바다모래 채취가 없었던 해역의 해수시료의 화학조성은 Al과 Si의 피크가 바다모래 채취해역처럼 현저하지는 않아, 바다모래 채취해역과는 다르게 나타났다.

이와 같은 입자의 화학조성 분석결과는 바다모래 채취에 의해 발생한 부유사 중의 입자가 하루가 경과하여도 채취해역의 표층에 잔존하고 있음을 나타낸다. 이는 앞에서 기술한 부유사 중의 입자의 침강속도가 매우 느리다는 것이나 수치모델에 의해 수십 시간은 주변해역에 부유사의 영향이 미친다는 계산 결과와 잘 일치하는 내용이다.

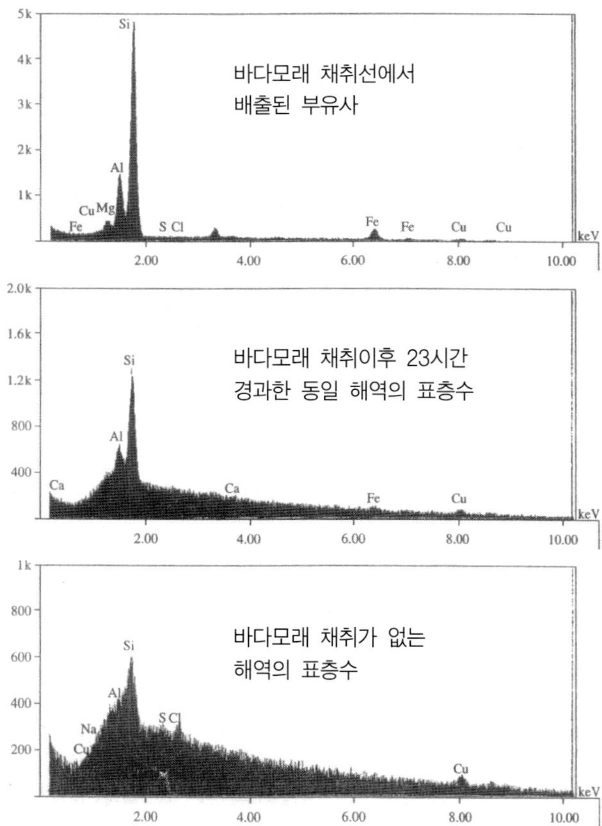


**그림 76.** 부유사 중의 미립자의 X선 마이크로분석기에 의한 분석결과[3]

門谷과 張[12]는 비산세토(備讚瀨戶)의 바다모래 채취해역 부근의 잘피장을 조사하여, 잘피 잎에 부착한 입자는 Al과 Si를 기본으로 하는 광물로서, 이 부착입자는 하천유래의 입자가 아니라 바다모래 채취에 의해 배출된 부유사의 입자가 확산하여 퇴적될 가능성이 높다는 것을 보고하였다. 바다모래 채취선에서 배출된 높은 농도의 부유사 중의 입자는 오래 동안 현장에 머물고 있다는 多田 등[3]의 EPMA 분석결과 및 전술한 수치모델 계산의 결과는 門谷과 張[12]의 보고를 지지하는 것이다.

### 바. 바다모래 채취에서 배출된 부유사가 해양환경에 미치는 영향

바다모래 채취선에서 배출된 입자가 주변해역으로 이류·확산하는 모습을 항공사진에 의해서도 확인되었다[6]. 세토내해의 아키나다(安藝灘), 비산세도(備讚瀨戶) 및 하리마나다(播磨灘)에서는 COD 농도가 낮음에도 불구하고 투명도가 낮다. 淸木 등[13]은 그 원인으로서 바다모래 등에서 기인하는 해수의 부유사 영향일 가능성을 지적하였다. 또 藤原[14]은 세토내해에서 1970년부터 현재까지 바다모래 채취해역의 부유사가 경년적으로 상승하고 있으며, 해수 중의 COD농도도 상승하는 것을 지적하였다. 이상과 같이 바다모래 채취에 의해 탁도가 증가함을 지적한 내용은 많다. 식물플랑크톤이 광합성을 하기 위해 필요한 광량은 해수면 직하 광량의 1% 이상 되어야 하고, 이와 같은 광량이 도달하는 수심까지를 유광층이라 부른다. 일반적으로 유광층 수심은 투명도 수심이 약 3배 수준이지만[15], 세토내해에서는 약 2.8배로 보고되었다[16]. 바다에서 투명도가 저하되어 유광층이 얕아지면 식물이 광합성을 할 수 있는 범위가 축소된다. 橋本 등[4]은 바다모래 채취에 따른 높은 농도의 부유사 중의 부유사 입자에 의한 투명도 저하를 예측하였다. 그 보고에 따르면 조사대상 해역의 투명도는 약 6 m이지만, 바다모래 채취를 약 4시간 실시하여, 그 이후는 높은 농도의 부유사가 배출되지 않은 것을 가정한 경우, 부유사의 배출이 종료되면 부유사 입자의 농도 저하와 함께 투명도도 회복하지만, 투명도가 저하되는 범위는 확대되어, 투명도가 4 m 이하의 범위는 배출점에서 대략 4 km까지 확대되었다. 더욱이 영향범위가 거의 소멸하는 38시간 뒤에도(그림 77), 배출점 부근의 투명도는 4m 이하이고, 48시간이 지나도 배출점 부근의 투명도는 약 4.5 m로 완전하게 회복되지 않았다.

또 앞에서 기술한 것과 같이 바다모래 채취해역의 잘피 잎에 부착하는 입자는 바다모래 채취에 의해 발생한 입자가 확산되어 퇴적된 것일 가능성이 높다는 것을 보고하였고[12], 玉置 등[17]은 세토내해 히로시마만에서 해수 중의 미립자가 직접 잘피 잎에 퇴적한 경우, 성육에 필요한 포화 광량의 부족에 의해 현존율이 저하하는 것을 보고하였다. 또 高橋 등[2]도 수치모델에 의한 부유사 확산실험을 실시하여, 바다모래 채취에 의한 투명도의 저하가 해조장의 분포에 영향을 미치는 것을 지적하였다.

즉 이들 보고는 바다모래 채취에 의해 발생한 탁도의 회복이

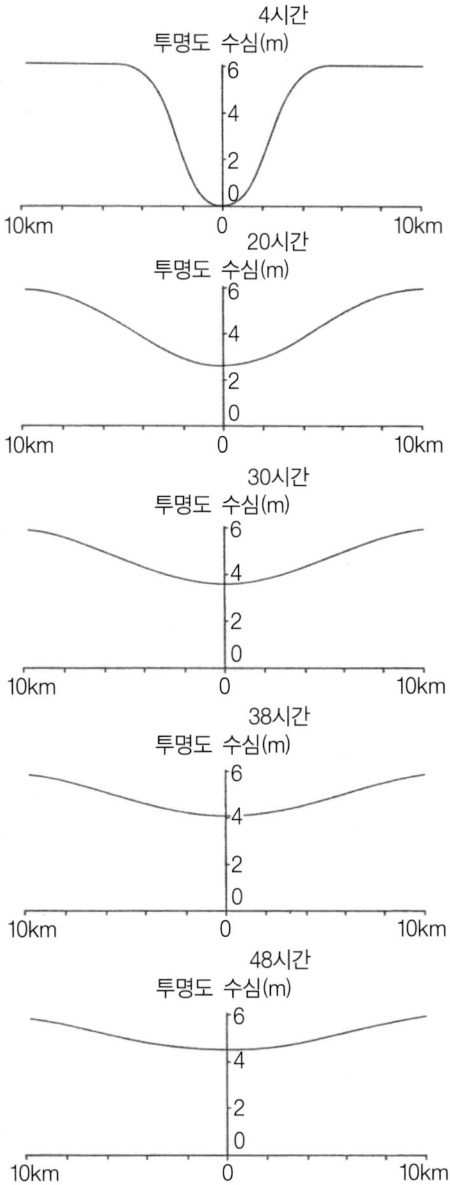


**그림 77.** 투명도 계산 결과[3]

매우 느린 것은 부유사에 포함된 미립자의 침강속도가 매우 느리기 때문으로, 부유사 중의 미립자가 오랜 시간 주변해역에 부유하고 있음을 시사한다. 수치모델 실험 결과나 X선 마이크로분석기에 의한 해수 중 부유사의 원소 조성의 결과도 그와 같은 내용을 시사한다.

사. 결론

바다모래 채취에 의한 환경의 영향은 현재 완전히 밝혀졌다고는 할 수 없지만, 우리들은 바다모래 채취에서 얻은 교훈을 바르게 받아들여 해석하고, 앞으로 세토내해의 환경보전에 살아있는 교훈으로 크게 활용하여야만 된다. 또, 세토내해에서의 바다모래 채취는 2006년에 전면적으로 금지되었지만, 항로 준설이나 매립공사 등 바다모래 채취와 동일한 높은 농도의 부유사 배출을 동반하는 해양공사는 앞으로도 계속될 것이다. 이들 해양공사를 실시할 경우, 부유사에 의한 환경에의 영향이 최소한으로 제한할 수 있는 충분한 환경영향검토가 필요하다.

## 참고문헌

[1] 高橋 曉, 湯淺一郎, 村上和男, 2002. 沿岸海洋研究, 40, 81-90.

[2] 高橋 曉, 湯淺一郎, 村上和男, 星加章, 2005. 沿岸海洋研究, 42, 151-159.

[3] 多田邦尙, 和田彩香, 一見和彦, 橋本俊也, 2006. 沿岸海洋研究, 43,

157-162.

[4] 橋本俊也, 多田邦尙, 和田彩香, 一見和彦, 2006. 廣島大學大學院生物圈科學研究科紀要, 45, 31-36.

[5] 環境廳水質保全局瀨戸內海環境保全室, 1998. 瀨戸內海における海砂利採取とその環境への影響, 146p.

[6] 海砂利採取影響檢討會, 1999. 海砂利採取影響綜合檢討事業報告書. 香川縣.

[7] 香川縣, 2001. 平成12年度海砂利採取影響調査報告書. 香川縣・國際航業(株), 平成13年9月發行.

[8] 星加章, 高杉由夫, 田邊弘道, 湯淺一郎, 橋本英資, 高橋曉, 三島康史, 村上和男, 井內美郎, 2006. 地質調査綜合センタ-速報, 38, 201p.

[9] Smayda, T.J., 1970. Mar. Biol. Ann. Rev., 8, 1247-1256.

[10] Takeoka, H. and T. Hashimoto, 1988. Cont. Shelf Res., 8, 1247-1256.

[11] Hashimoto, T. and H. Takeoka, 1988. J. Oceanogr., 54, 123-132.

[12] 門谷茂, 張志保子, 2000. 瀨戸內海, 22, 32-36.

[13] 淸木徹, 駒井幸雄, 小山武信, 永淵修, 日野康良, 村上和仁, 1998. 水環境學會誌, 22. 663-667.

[14] 藤原建紀, 2004. 海と空, 80, 1-6.

[15] Parsons, T.R., M. Takahashi and B. Hargrave, 1984. Biological Oceanographic Processes, 3rd edition. Pergamon Press, Oxford, 330p.

[16] 橋本俊也, 多田邦尙, 1997. 海の研究, 6, 151-155.

[17] 玉置仁, 西嶋涉, 荒井章吾, 寺脇利信, 岡田光正, 1999. 水環境學會誌, 22, 663-667.

(多田邦尙, Tada Kuninao)

## 3. 바다모래 채취에 따른 해조장의 영향

### 가. 서언

세토(瀨戶)내해에서는 고도경제성장기의 약 30년간에 약 6억 $m^3$에 해당하는 막대한 바다모래가 채취되어, 콘크리트 골재나 매립, 지반개량 등 다양한 용도로서 이동되었다[1]. 한편, 바다모래 채취에 따라 얕은 퇴(淺瀨, 淺堆)를 형성하고 있는 모래톱의 소실이나 바다모래 채취시에 발생하는 부유사의 확산이 생태계에 미치는 영향, 해저지형이나 해황의 변화가 해역환경에 미치는 영향 등이 논란이 되었다. 이와 같은 상황 중에 高橋 등[2]은 수치모델 실험을 통해 게이요제도(藝豫諸島) 주변해역의 해수 흐름에 대한 현황을 재현하여 해저지형변화의 영향은 바다모래 채취해역에 한정하지 않고 주변해역으로 확산되고 있다는 것을 지적하였고, 高橋와 村上[3]은 히로시마현 다다노우미(忠海)에서 소실된 모래톱 해역 주변에 충분한 모래의 공급원이 있으면, 장래 모래톱이 회복할 가능성이 있는 것을 밝혀냈다. 또 門谷과 張[4]은 바다모래 채취시에 발생하는 부유사에 의해 투명도의 저하나 부유사의 입자가 잘피 잎에 부착하여, 잘피의 성육을 저해하는 것을 시사하였다. 그렇지만 바다모래 채취해역에서 발생한 부유사 입자가 실제로 해조장까지 확산하고, 투명도의 저하나 잘피 잎에 퇴적하는 등에 대해서는 확인되지 않았다. 그래서 본장에서는 세토내해 중에서도 막대한 양의 바다모래가 채집된 게이요제도 주변해역을 대상으로 수치모델에 의한 부유사의 확산실험을 실시하여, 해조장 관측결과와 비교하는 것으로서 부유사의 확산과 해조장 분포의 관계를 명확히 하고자 하였다.

나. 바다모래 채취량과 투명도의 변화

게이요제도(藝豫諸島) 주변해역인 그림 78에 나타낸 바다모래 채취해역 허가구역에서는 1960년대부터 바다모래 채취가 시작되었다. 그림 79는 히로시마현의 각 채취해역에서 해사채취량의 변화를 나타낸 것이다[1]. 히로시마현의 전체 채취량은 1970년대 중반에 피크가 보이며, 1980년대는 큰 변동 없이 일정하다가 1990년대는 감소한다. 해역별로 보면, 오구노지마(大久野島)와 고네지마(高根島) 사이에 위치하는 채취해역(忠海, 幸崎, 瀨戸田)에서의 채취량이 다른 해역에 비해 매우 많다는 것을 알 수 있다. 그림 80은 국토건설성 세토내해 종합수질조사의 정점 HS 22와 HS 23(1983~2003년 ; 년4회 관측), 및 히로시마 재배어업협회 지선(1997년 7월부터 부정기적인 관측, 그림에서는 "지선(地先)"으로 표시, 이후 "지선"이라고 부름)에서의 투명도의 시계열이다(관측점 위치는 그림 78 참조). 그림 속의 파선은 바다모래 채취전후의 각각의 주기 평균값을 나타내었다. 3정점 모두 투명도의 변동은 약 2~8m로 크나, 주기해석의 결과 이 변동에는 계절변동 등의 주기성은 보이지 않았다. 변동의 원인은 불명하지만 식물플랑크톤의 대발생에 의한 것은 아닌 것

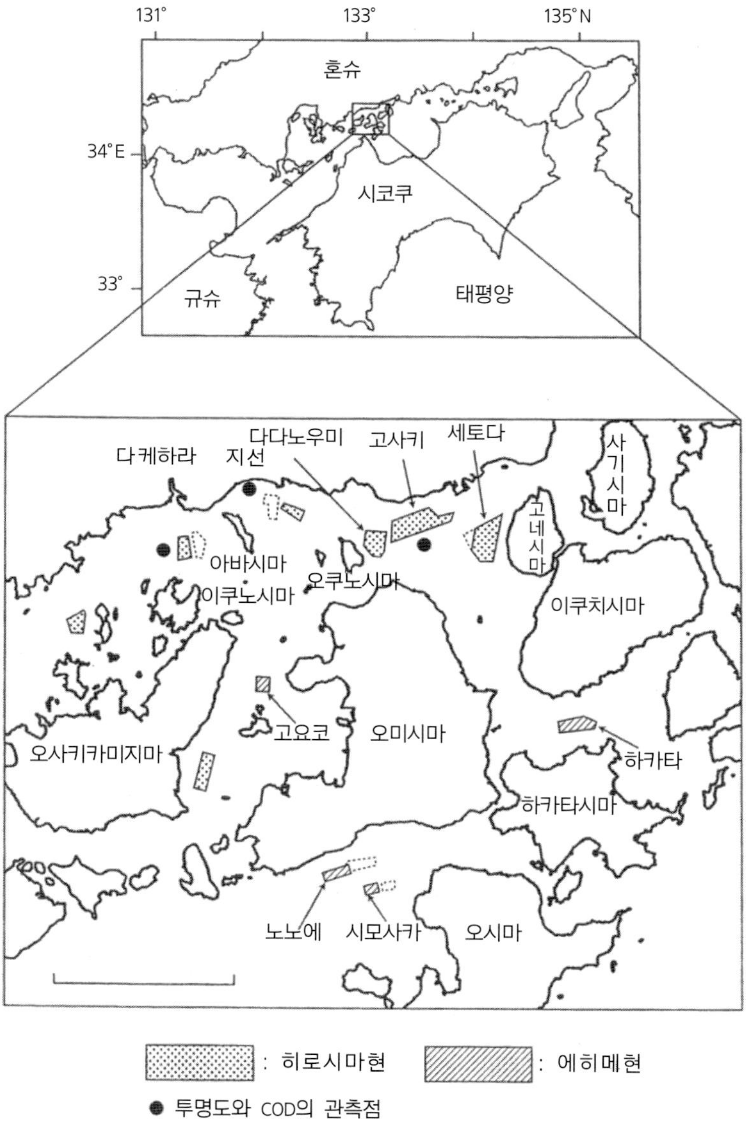


**그림 78.** 히로시마현(점으로 표시)과 에히메현(사선표시)의 바다모래 채취해역(●는 투명도와 COD 관측점).

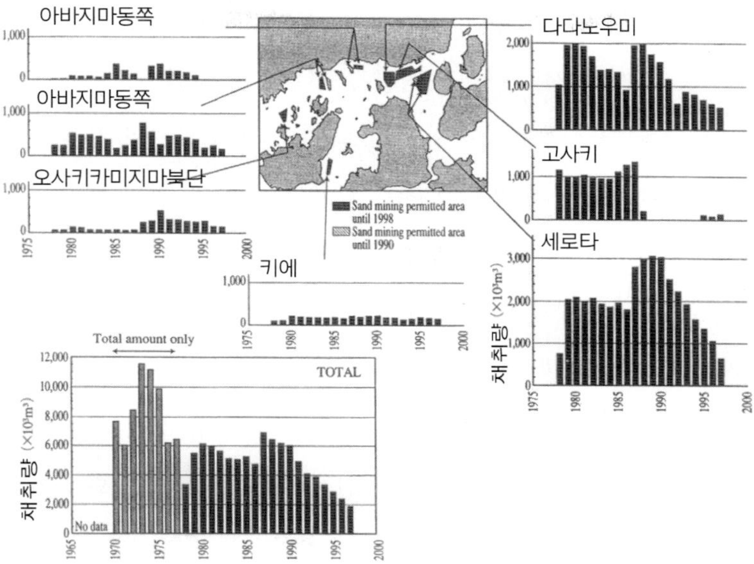


그림 79. 히로시마현의 바다모래 채취량의 변화.

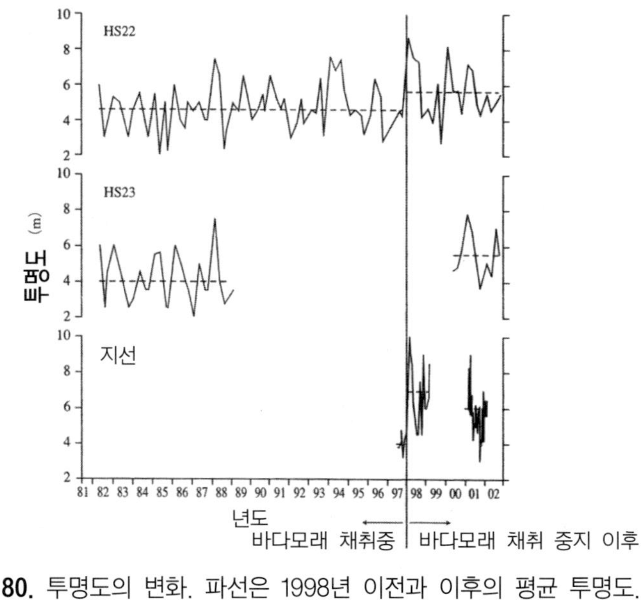


그림 80. 투명도의 변화. 파선은 1998년 이전과 이후의 평균 투명도.

같다. 바다모래 채취 중지(1998년)로 보면, 3정점 모두 채취 중지 후 투명도가 증가하고 있고, 평균값으로 보면 채취 중에 HS 22에서 약 4.5m, HS 23에서 약 4.0m로 다른 2 정점과 거의 같은 것으로부터 채취 중의 평균 투명도를 4.0 m로 하였다. 한편 채취 후의 투명도는 HS 22와 HS 23에서 약 5.5m, 지선은 약 6.0～7.0m로 채취 중과 비교하여 1～3m 정도 증가하였다. 다만 투명도는 1차 생산의 영향에 의한 변화도 생각할 수 있기에 전술의 변화가 바다모래 채취 중지에 의한 것이라고 할 수만은 없다. 그래서 HS 22와 HS 23에서 투명도와 동시에 측정된 COD(해수면 및 2m와 해저 위 약 1m에서 측정)와 관계를 조사하였다. 결과는 그림 81에 나타내었다. 투명도와 COD 사이에 상관은 보이지 않으며, COD 농도 또한 거의가 2 mg/L 이하로 낮고, 환경기준법에 정해진 수질(해역)의 환경기중 A류형을 나타내어, 대상해역은 수질만으로는 청정한

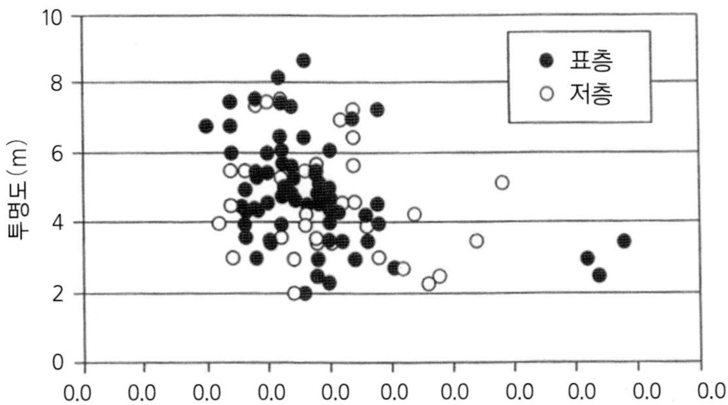


**그림 81.** 투명도와 COD의 관계.

해역이라 할 수 있다. 이 같은 내용을 추가하여 식물플랑크톤의 대발생에 동반된 투명도의 계절변동도 현저하지 않은 것으로부터, 투명도의 변화에 대한 1차생산의 영향은 크지 않고, 바다모래 채취에 동반하여 발생한 부유사가 투명도 변화의 주된 원인이라고 판단하였다.

다. 해조장 조사

그림 82는 게이요제도 주변해역에서 1967년부터 1998년 사이의 잘피장 변천을 나타낸 그림이다[5]. 실선으로 표시된 A~D는

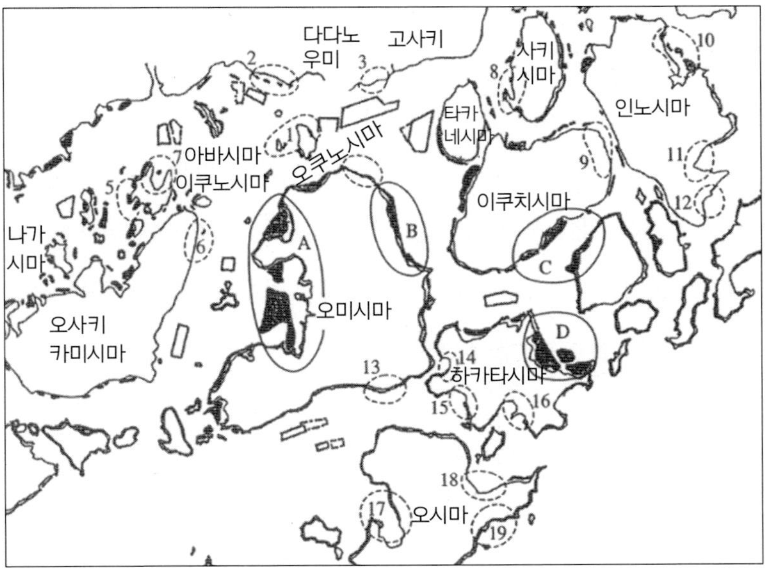


**그림 82.** 1967년부터 1987년 잘피장의 변천(검게 된 부분이 1998년 확인된 잘피장). 실선 표시된 해조장 A~D는 유지된 해조장, 파선으로 표시된 해조장 1~19는 쇠퇴 또는 소실된 해조장을 나타냄[5].

해조장이 유지된 해역을, 파선으로 표시된 1~19는 쇠퇴 또는 소멸한 해역을 나타낸다. 바다모래 채취해역에 가까운 해조장은 쇠퇴하여서 채취의 영향을 생각할 수 있지만, 가까이 있으면서 유지된 해조장이나 멀리 있으면서도 쇠퇴한 해조장도 있다. 이들 해조장 중에 바다모래 채취에 의해 영향을 받은 것으로 추정되는 해조장이나 채취해역에 비교적 가깝게 위치하면서도 영향을 그다지 받지 않은 해조장을 선택하여 2001년 2월 5일부터 7일에 걸쳐 목시 관측과 음향측심기(海上電機(주), PS-20)를 이용한 잘피 서식범위 및 서식밀도 관측과 주변해역의 투명도 관측 등 해조장 현황 조사를 실시하였다. 또 서식밀도에 대해서는 음향측심기에 의한 해조장 측정결과를 이용하여 판정하였다. 그림 83에 음향측심기를 이용한 해조장 관측결과를 나타내었다. 그림 83(a)와 같이 해조장 전역에 잘피가 높은 밀도로 서식하는 경우를 밀도 "높음", 그림 83(b)와 같이 해조장 밀도 "높음"에 비하여 서식밀도는 낮지만, 해조장 전역에 잘피가 서식하고 있는 경우를 밀도 "중", 그림 83(c)와 같이 잘피가 패치 분포 상태를 나타내는 경우를 밀도 "낮음", 남서해구수산연구소(현 세토내해수산연구소)의 1970년대 전반의 관측결과[6][7]에서는 해조장의 존재하였으나, 본 현장조사에서 잘피가 확인되지 않은 경우를 "소멸"로 판정하였다. 이와 같이 하여 얻어진 결과를 표 13에, 관측한 해조장의 위치를 그림 84에 나타내었다. 여기에서 잘피의 서식 최대 하한수심은 음향측심기에서 측정한 결과에서 구한 것이고, 히로시마현 미하라항(三原港)

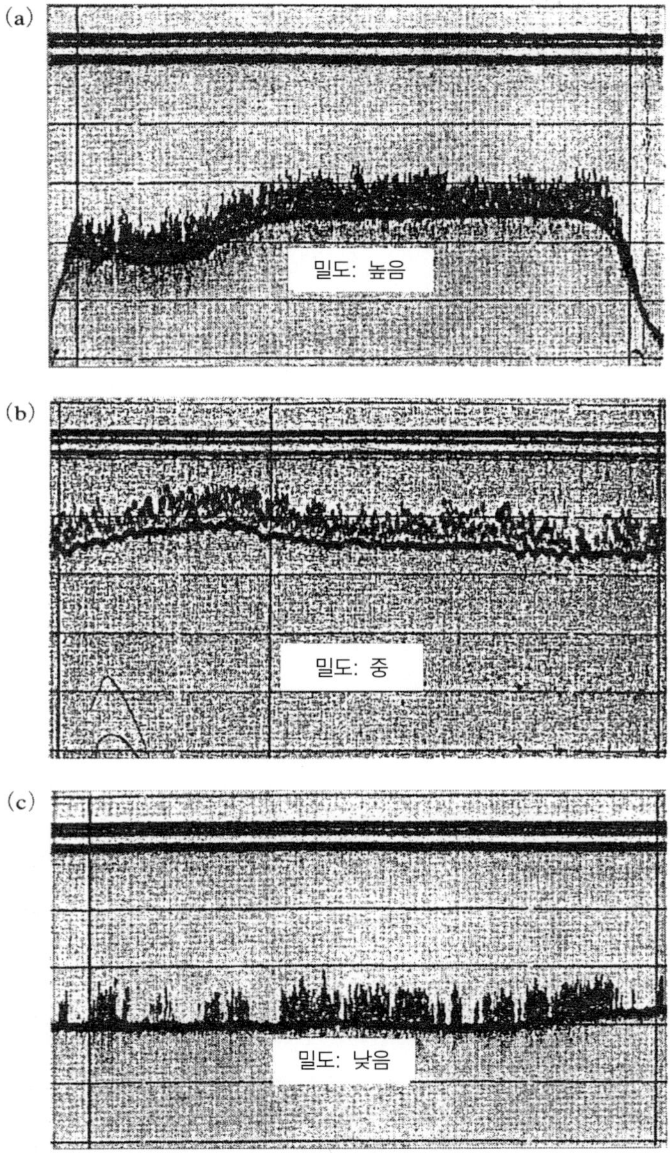


**그림 83.** 음향측심기에 의한 잘피장 관측 예.

**표 13.**

| 정점 | 서식수심 (m) | | 서식밀도 | 투명도 (m) | 정점 | 서식수심 (m) | | 서식밀도 | 투명도 (m) |
|---|---|---|---|---|---|---|---|---|---|
| | 평균 | 최대 | | | | 평균 | 최대 | | |
| a1 | 3.9 | 5.9 | 높음 | 5.5 | c1 | 2.7 | 2.7 | 낮음 | 6.6 |
| a2 | 3.2 | 4.3 | 높음 | 5.7 | c2 | 3.3 | 3.7 | 낮음 | 6.8 |
| a3 | 4.2 | 4.9 | 높음 | 6.5 | c3 | 3.8 | 4.9 | 낮음 | 5.5 |
| a4 | 3.5 | 4.2 | 높음 | 6.6 | c4 | 3.6 | 4.5 | 낮음 | 5.5 |
| a5 | 4.1 | 4.3 | 높음 | 6.2 | c5 | 2.6 | 2.8 | 낮음 | 6.5 |
| a6 | 6.1 | 7.5 | 높음 | 6.8 | c6 | 3.4 | 4.9 | 낮음 | 5.6 |
| a7 | 2.7 | 2.8 | 높음 | 6.5 | d1 | 2.7 | 2.9 | 소멸 | 7.2 |
| a8 | 4.1 | 4.3 | 높음 | 6.6 | d2 | 4.4 | 4.9 | 소멸 | - |
| a9 | 3.2 | 4.0 | 높음 | 4.5 | d3 | 3.7 | 4.7 | 소멸 | 5.0 |
| b1 | 4.3 | 6.0 | 중 | 7.0 | d4 | 6.7 | 8.2 | 소멸 | 4.0 |
| b2 | 2.6 | 2.6 | 중 | 5.6 | d5 | 2.6 | 3.1 | 소멸 | - |
| b3 | 3.3 | 3.6 | 중 | 7.2 | | | | | |
| b4 | 3.4 | 3.7 | 중 | 6.5 | | | | | |
| b5 | 3.1 | 3.9 | 중 | 7.2 | | | | | |
| b6 | 4.4 | 5.2 | 중 | 4.4 | | | | | |

의 평균해면으로부터의 수심으로 표현되었다. 또 "소멸"의 서식수심은 남서해구수산연구소의 관측결과[6][7]로서 잘피가 분포한 범위와 음향측심기에 의해 얻어진 수심 분포를 비교하고 조정한 값을 이용하였다. 잘피장 a1~a9의 서식밀도는 "높음", b1~b6는 "중", c1~c6는 "낮음", 그리고 d1~d5는 "소멸"이 되어 있고, 바다모래 채취부근(특히 오구노지마(大久野島)~고네지마(高根島) 사이의 채취해역 주변)에서 해조장의 서식밀도가 낮거나, 소실된 경향이 보인다. 다음으로 서식밀도와 투명도, 서식밀도와 서식수심과의 관계를 보면, a1이나 a6와 같이 서식수심이 깊으면서 투명도가 높은

**그림 84.** 해조장 관측 지점.

경우와 a9와 같이 투명도가 낮아도 서식수심이 얕아 비교적 해조장이 유지되는 경우도 있으나, 그 경향은 그다지 현저하지 않아, 잘피 서식밀도와 투명도 및 서식수심 사이에는 유의적인 관계가 성립되지 않았다. 이것은 해조장 조사 때에는 이미 히로시마현의 바다모래 채취가 중지되어 3년 정도 지났고, 관측한 투명도는 바다모래 채취의 영향을 받지 않았기에 채취 중의 관계가 보이지 않은 것으로 생각되었다.

### 라. 부유사 확산실험

바다모래 채취 중에 해조장 주변의 투명도를 알 수 없기에 관측에서 얻어진 해조장의 상태와 투명도 저하에 의한 영향을 검토할 수 없다. 그래서 수치모델을 이용하여 부유사의 확산실험을 실시하여 바다모래 채취 중의 투명도 분포를 추정하기로 하였다.

#### 1) 모델의 개요

게이요나다 주변해역의 해황은 수치모델 실험에 의해 이미 계산되었다[2]. 모델은 레벨모델이고 수평 그레이드 스케일은 1/3km x 1/3km이다. 연직방향으로는 표 14에 나타낸 것과 같이 11층이고, 최대 채취해역인 오구노지마(大久野島)와 고네지마(高根島) 사이 해역의 수심이 40 m 전후이기에, 수심 30m와 40m 사이의 층은 5m로 하여, 해저부근의 해상도를 높게 하였다. 그림 85는 낙조와 창조시의 $M_2$ 조류 벡터(연직평균값)이지만[2], 대상 해역은 협수로이기에 최고 100 cm/s를 넘는 강한 조류가 탁월하다.

이와 같은 강한 조류 때문에 대상해역은 여름에도 성층을 형성하지 않고 연직적으로 잘 혼합되어 전 해역에서 밀도는 일정하고, 외력으로서 가장 탁월한 $M_2$ 조류를 부여하였다. 본장에서는 이와 동일한 모델을 기초로 하여 부유사의 이류, 확산, 침강, 퇴적 및 재부유를 고려한 모델을 작성하여 부유사의 확산실험을 실시하였다. 부유사 입자의 이류, 확산 및 침강은 (1)식에 의해 계산된다.

**표 14.** 수치모델 수층 구분 내역

| 층 번호 | 1~2 | 3 | 4~5 | 6~7 | 8~9 | 10~11 |
|---|---|---|---|---|---|---|
| 층 두께(m) | 3 | 4 | 10 | 5 | 10 | 15 |

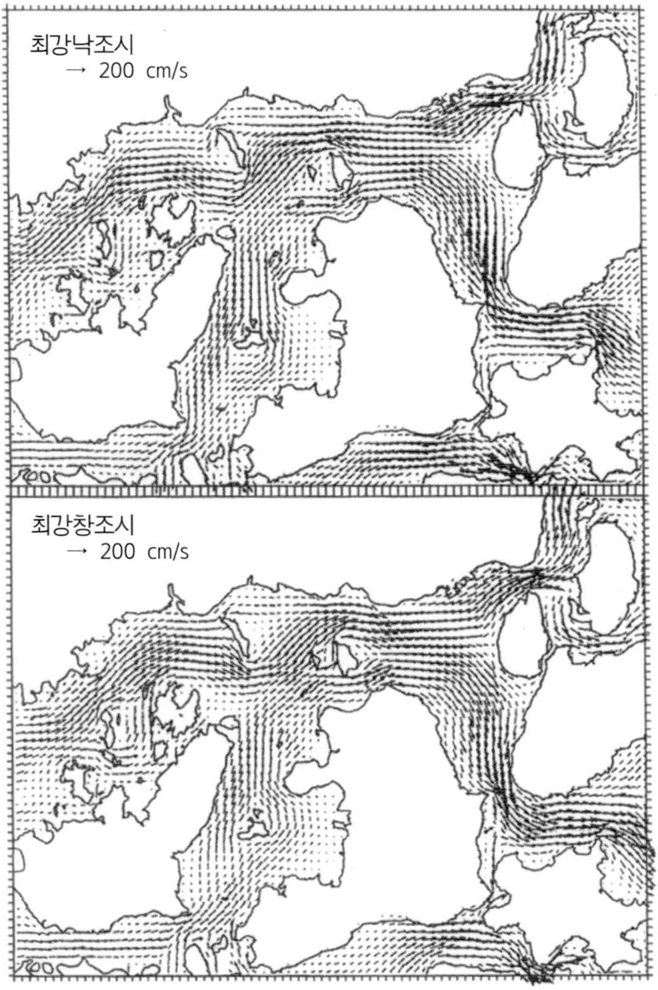


**그림 85.** 낙조(위)와 창조(아래)의 $M_2$조류 벡터 (연직평균값)[2].

$$\frac{\partial C}{\partial t}+(U\cdot\nabla_H)C+w\frac{\partial C}{\partial z}+\frac{\partial WsC}{\partial z}=[\nabla_H\cdot(K_H\nabla_H)]C+\frac{\partial}{\partial z}(K_v\frac{\partial C}{\partial z}) \quad (1)$$

여기에서 t는 시간, C는 오탁수 입자 농도, $\nabla_H$는 수평의 라플라시안(Laplacian), U는 수평유속(u, v), w는 연직유속, $K_H$와 $K_v$는 각각 수평과 연직의 와동확산계수로서 Smagorinsky diffusivity를 사용하였다[2]. $Ws$는 부유사 입자의 침강속도로서 Stokes의 침강속도를 이용하여 (2)식이 주어졌다.

$$Ws=-\frac{g(\rho_p-\rho_w)}{18v}d^2 \quad (2)$$

g는 중력가속도(980cm/s$^2$), $\rho_p$는 부유사 입자의 밀도(모래의 일반값 2.65 g/cm$^3$를 사용), $\rho_w$는 해수의 밀도, v는 해수의 점성(0.0115g/s/cm), d는 부유사 입자의 직경이다. 부유사 입자의 해저로의 단위시간 및 단위면적 당 침전량(M)은 (3)식으로 주어졌다.

$$M=C_BW_S \quad (3)$$

$C_B$는 모델의 해저 바로 위층에서의 부유사 입자의 농도이다. 해저에 침전한 부유사 입자의 단위시간 및 단위면적 당의 재부유량(R)은 파워 모델을 적용하여 (4)식으로 주어졌다.

$$R=\frac{S}{h_k}\alpha(u^*-u_c^*) \quad (4)$$

S는 부유사의 단위 면적당의 퇴적밀도(상세한 것은 나중에 설명한다), $h_k$는 모델의 해저 바로 위층의 두께, $\alpha$는 계수[9], $u^*$와 $u_c^*$는 각각 해저면 마찰속도와 해저면 이동한계 마찰속도로서 (5)식[10]과 (6)식[11]으로 주어진다.

$$u^* = 0.05\,U_k \tag{5}$$

$$u_c^* = \sqrt{0.05\rho_s g d} \tag{6}$$

$U_k$는 모델 해저 바로 위층의 유속, $\rho_s$는 부유사 입자의 수중밀도(1.65 g/cm$^3$)이다. (3)식과 (4)식으로부터 부유사 입자의 단위시간 및 단위면적 당 퇴적량(D)는 (7)식으로 주어진다.

$$D = M - R \tag{7}$$

또 퇴적량(D)의 시간적분값에 해당하는 부유사 입자의 퇴적속도(S)에 대해서는 (8)식으로 주어졌다.

$$S^n = S^{n-1} + D^{n-1}\Delta t \tag{8}$$

여기에서 $\Delta t$는 시간 n-1과 시간 n 사이의 미소 시간간격(모델의 타임 스텝)이다. 또 재부유 부유사량(R)이 침전량(M)을 상회하는 경우, 퇴적량(D)는 부(-)가 되고, 퇴적밀도(S)가 부(-)가 되는 경유도 발생한다. 이 경우는 바다모래 채취시에 발생하는 부유사 입자만이 재차 부유한다고 가정하면, 퇴적밀도(S)를 0으로 하여,

퇴적한 부유사는 재차 부유하지 않은 것으로 하였다. 또, R, S는 초기값을 0으로 하여 계산을 시작하였다.

바다모래 채취해역 표층에서 부유사 입자를 농도로서 투입하지만, 바다모래 채취선에서 부유사 배수량과 부유사 농도는 불명이다. 따라서 그림 79에 나타낸 것과 같이 히로시마현의 각 채취해역의 채취량은 이미 알고 있다. 한편, 에히메현의 각 채취해역의 채취량은 알지 못하나, 채취 허가량은 이미 알고 있다. 각 채취해역의 채취허가량의 합계가 에히메현의 바다모래 생산량과 일치하는 것으로부터 채취허가량이 각 채취해역의 채취량이라고 가정하여, 해역마다 채취량의 비율에 대응하는 농도의 부유사 입자를 히로시마현, 에히메현의 각 채취해역 표층에서 연속 투입하는 것으로 하였다. 히로시마현 각 채취해역의 채취량의 1978년부터 1987년의 연평균값과 에히메의 각 채취해역의 연간 채취허가량, 각 채취해역의 면적 및 아바시마(阿波島)의 서쪽 채취해역의 채취량을 1.0으로 한 경우의 채취량의 비율을 표 15에, 입자농도 투입점 표층의 부유사 농도를 (9)식으로 나타내었다.

$$\frac{\partial C_k}{\partial t} = \frac{Q}{V} Rt_k \tag{9}$$

여기서 $C_k$는 각 채취해역(k)에 해당하는 모델 그레이드 표층의 부유사 입자 농도, $V_k$는 해당하는 표층 그레이드의 체적, $Rt_k$는 각 채취; 해역의 투입농도의 비율을 나타낸다. $Q$는 무게의 단위

**표 15.**

| | 채취해역 | 면적 (ha) | 채취량 $(\times 10^3 m^3)$ | 비율 |
|---|---|---|---|---|
| 히로시마현 | 아바시마 동쪽 | 75 | 141.0 | 0.4 |
| | 아바시마 서쪽 | 101 | 386.3 | 1.0 |
| | 오사키가미 | 66 | 91.1 | 0.2 |
| | 키노에 | 66 | 186.1 | 0.5 |
| | 다다노우미 | 182 | 1574.2 | 4.1 |
| | 고사키 | 214 | 1074.0 | 2.8 |
| | 세토타 | 306 | 1949.4 | 5.0 |
| 에히메현 | 고요코 | 36 | 626.4 | 1.6 |
| | 노노에 | 89 | 515.6 | 1.3 |
| | 하카타시마 | 75 | 1204.4 | 3.1 |
| | 시모사카 | 36 | 0.4776.0 | 2.0 |

를 가진 부유사 입자의 투입중량으로 1,000이라는 값을 채용하였다. 즉 계산된 농도분포는 상대적인 것이 된다.

그림 86은 다다노우미 외양역과 비산세토의 바다모래 채취선에서 배출된 부유사 중의 부유사 입자의 입도조성(중량백분율)이다[1]. 대상해역인 다다노우미 외해의 값을 보면 입경 5㎛에서 50㎛의 입자가 대부분으로, 평균 입경은 약 10㎛이다. 그래서 입경 5㎛, 10㎛, 및 50㎛의 부유사 입자를 대상으로 한 3가지 경우를 계산하였다.

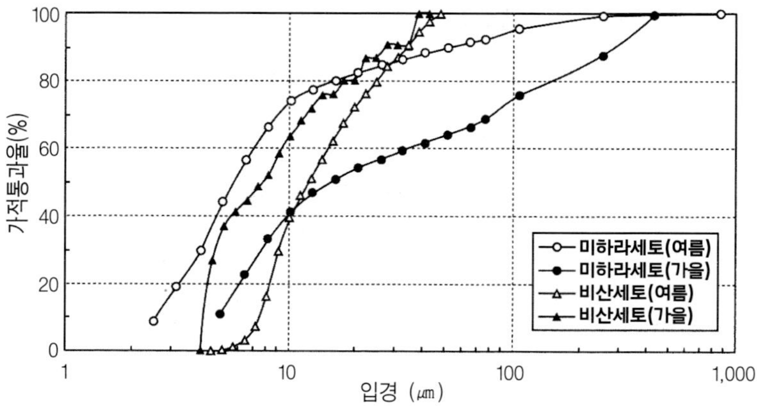


**그림 86.** 다다미우미 외해역과 비산세토의 바다모래 채취선에서 배출된 부유사의 입도조성 (중량백분율)[1].

2) 모델계산 결과

유황(流況)이 준 정상상태(準正常狀態)에 도달한 다음 부유사 입자 농도의 투입을 시작하였다. 입자농도 투입 후 5일($M_2$ 조석의 10주기) 이후에는 농도 값이 증가하였지만 조석에 따른 분포 차이는 없었기에 5일째 농도분포는 정상에 도달한 것으로 판단하였다. 또 조시에 변화하지 않게 평균적 농도분포를 구하기 위해, 최후의 1조석 주기 사이의 농도를 평균하였다.

입경 50㎛의 경우, 부유사 입자는 채취해역의 거의 직하에 침강하여 밑의 층에서 재부유와 침강을 반복하는 것으로, 바다모래 채취에 동반하여 깊게 된(수심 약 40m) 채취해역 주변에 모이게 되어, 해조장이 있는 천해역에 도달하지 못하였다(그림은 게재하지 않음). 즉 입경 50㎛ 이상의 현탁 입자는 침강속도가 크기 때문에 해조장이나 해조장 주변의 투명도에 큰 영향을 주지 못하는 것으로 판단된다. 한편 입경 5㎛나 10㎛의 입자는 수평적으로 크게 확산되었다. 또 양자의 농도분포에 큰 차이는 없기에 입경 10㎛의 결과에 대해서만 기술하기로 한다. 그림 87에 한 조석 주기를 평균한 부유사 입자 농도분포(위: 표층, 중: 저층)와 입자 투입 후 5일째의 퇴적량(아래)을 나타내었다. 표층의 농도분포에는 고농도의 패치가 11지점에서 보이나, 이들 지점이 농도 투입점이다. 저층의 분포를 보면 채취해역 주변에서 고농도가 되고, 특히 바다모래 채취량이 주변해역 중 가장 많았던 오구노지마~고네지마 사이 해역에서 농도가 높고, 경향으로서는 이 해역에서 멀어질수록 농도는 낮아졌다. 퇴적량의 분포를 보면, 움푹 들어 간 만에서 퇴적량이 많고, 그 이외의 해역에서는 거의 퇴적하지 않았다. 이것은 입경 10㎛의 입자는 대부분의 해역에서 조류에 의해 재부유 되고, 침강속도도 늦기에 계외로 운반되어 사라지던지, 조류가 약한 몰입된 만에서는 재부유가 발생하지 않거나, 또는 발생하더라도 흐름이 약하고 입자가 운반되지 않기에 상대적으로 퇴적량이 많게 된다고 생각된다.

### 3) 투명도 감소량

계산에 의해 구해진 부유사 입자농도는 상대값이다. 그래서 투명도와 부유사질(SS) 농도의 관계를 이용한 현탁 입자농도를 SS 농도로 변환하였다. 그림 88은 세토내해의 투명도와 SS 농도의

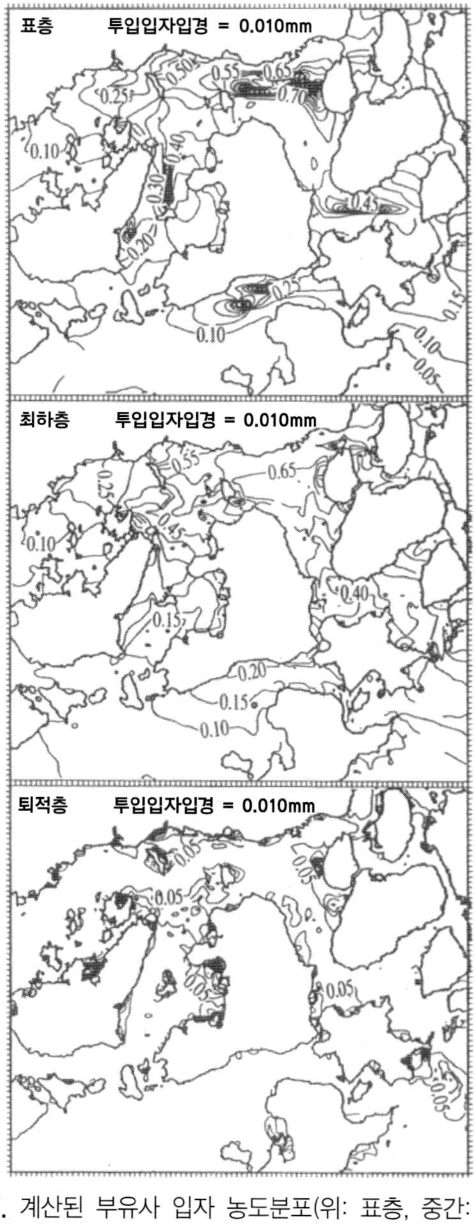


**그림 87.** 계산된 부유사 입자 농도분포(위: 표층, 중간: 저층)와 입자 투하 이후 5일째의 퇴적량(아래).

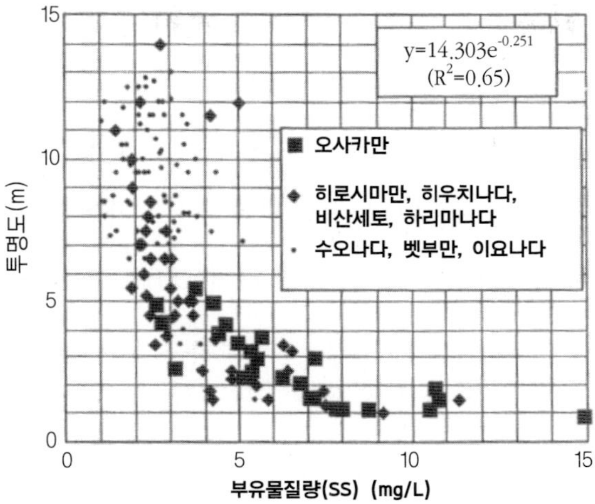


**그림 88.** 세토내해의 투명도와 부유사 농도의 관계[12].

관계[12]를 나타내었고, 양자의 관계는 (10)식으로 주어진다.

$$Sdd = 14.3e^{-0.25SS} \tag{10}$$

*Sdd*는 투명도이다. (10)식은 세토(瀨戶)내해 전해역을 대상으로 얻어진 관계식이고, SS 중에 유기물질을 포함하고 있기 때문에 무기물질에 의한 부유사가 탁월하다고 생각되는 해당 해역의 투명도와 SS농도의 관계에서는 일치하지 않을 가능성도 있다. 그러나 SS 중의 유기물질과 무기의 함유 비율의 차이에 의해, 경향 자체가 크게 변화할 것이라고는 생각하기 어렵기에, 본 연구에서는 (10)식의 관계를 이용하였다. 그런데 바다모래 채취 중과 채취 후의 투명도 차이가 가장 큰 재배어업협회 지선의 평균 투명도는 각각 약 4m와 7m였다. (10)식에 의하면 투명도 4m에 대응하는

SS농도는 5.1 mg/L, 7m에 대해서는 2.8 mg/L가 되어, 차는 각각 3m와 2.3 mg/L이 된다. 바다모래 채취 후 지선의 평균 투명도(7m)가 대상해역 전체의 배경 투명도라고 가정하고, 지선의 3m 투명도 저하는 2.3 mg/L의 SS가 발생되었다고 하여 모델 중의 다른 점에서의 SS농도를 비례계산에 의해 (11) 식으로 구했다.

$$SS = 2.8 + 2.3 \times \frac{Mc}{Mc_s} \qquad (11)$$

$Mc$ 및 $Mc_s$는 각각 모델 중에서 SS농도를 구한 지점과 지선에 해당하는 지점의 연직평균 부유사 입자 농도이고, SS농도가 투명도에 영향을 준다고 생각되는 모델의 제1층에서 제3층(수심 0~10m)까지의 값을 이용하여, 층 두께를 겹친 평균값으로 (12)식에서 구했다.

$$Mc = \frac{\sum_{l=1}^{l=3} C_l \times Dz_l}{Dz_1 \times Dz_2 \times Dz_3} \qquad (12)$$

$l$은 모델 층번호, Dz는 층 두께이고, $Mc_s$에 대해서는 같은 방법으로 구했다. 이와 같이 하여 구한 SS농도를 (10)식에 대입하여 구한 투명도의 분포를 그림 89에 나타내었다. 바다모래 채취해역 주변의 투명도가 비교적 낮고, 특히 오구노지마~고네지마 사이 해역에서 투명도가 가장 낮은 3m 전후를 나타내었다. 또 HS 22 부근의 투명도는 4m 전후로 관측값과 거의 일치하지만, HS 23

부근에서는 3m 정도로서 관측값과 1m 정도의 차가 보인다. 이것은 배경해역의 투명도를 전 해역에서 7m로 일정하다고 가정하였지만, 실제 배경 해역의 투명도는 해역에 따라 차이가 있기 때문에 이와 같은 정점에 따른 차이가 발생하는 것으로 생각된다.

**그림 89.** 계산된 투명도 분포. 숫자는 m로 표시한 투명도.

마. 고찰

수치모델실험에 의해 바다모래 채취 중의 투명도 분포를 구했지만, 배경 투명도를 전해역에서 일정한 것으로 가정하였기에 관측값과는 차이가 발생했다. 그러나 해역별 배경 투명도는 알 수 없다. 그러기에 얻어진 투명도와 당초 설정한 배경 투명도(7m)의 차로부터 투명도의 저하를 구하여, 해조장 분포와의 비교를 하는 것으로 하였다. 그림 90에 얻어진 투명도의 저하량을 나타내었다. 경향은 투명도 분포와 같지만 오구노지마~고네지마 사이의 해역에서는 3을 넘게 낮아졌다. 그림 84 및 표 13에 나타낸 해조장 관측결과를 보면, 오구노지마~고네지마 사이의 해역주변에서는 해조장 서식밀도가 낮고, 몇 개의 해조장은 소실되었다.

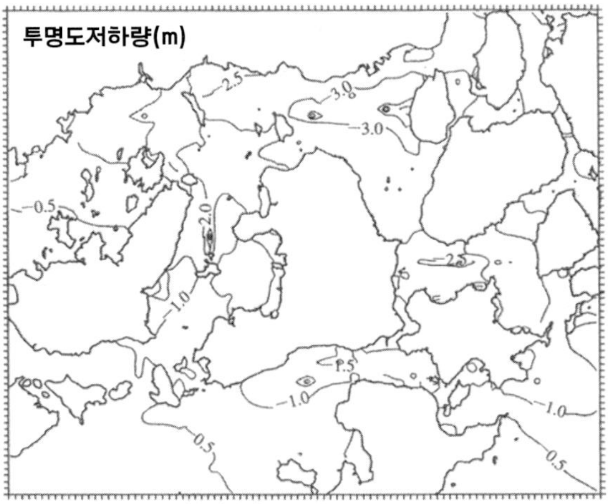


**그림 90.** 계산된 투명도 저하량. 숫자는 m로 표시한 투명도 저하량.

한편 이들 이외의 해조장은 다양한 상태로서, 투명도 저하 및 잘피 서식수심이 해조장 서식밀도에 영향을 주고 있는 것 같다. 수치실험에 의해 얻어진 투명도 저하량과 해조장 조사에서 얻어진 해조장의 상태와 서식한계수심의 관계를 그림 91에 나타내었다. 투명도 저하가 크게 됨에 따라 서식수심에 관계없이 해조장 밀도가 낮아지는 양상을 알 수 있다. 또 서식수심이 깊어짐에 따

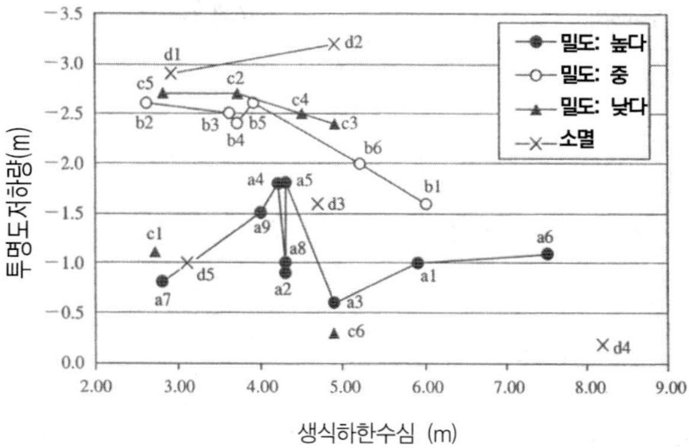


**그림 91.** 투명도와 잘피의 서식밀도 및 잘피장의 수심(서식하한수심)의 관계.

라 투명도 저하의 영향을 강하게 받는 경향이 보인다. 여기에서 밀도 "높다"의 해조장은 모두 오른쪽으로 내려가는 경향을 보이지만, 서식수심이 같으면 모든 해조장에서 투명도 저하는 밀도 "중"의 해조장보다 작아, 앞에서 설명한 관계에 모순은 없다. 또 관측결과에 기초하여 분류한 잘피 서식밀도(높다, 중, 낮다, 소멸) 중에서 "중"은 밀도 "높다"의 해조장과 비교하면 밀도가 낮은 것을 의미하기에 투명도 저하의 영향이 다소 나타나고 있다고 생각할 수도 있다. 이와 같은 내용을 종합하면 시식수심 4m 정도의 밀도 "높다"의 해조장 (a4, a5)과 같이 서식수심이 얕은 해조장에서는 투명도의 저하가 다소 있더라도 영향은 적지만, 4 m보다 얕은 밀도 "중", "낮다", "소멸"의 해조장(b2, b3, b4, b5, c2, c5, d1)과 같이 서식수심이 얕더라도 투명도 저하가 2.5 m 이상으로 크게 되면 영향을 받는다. 서식수심이 깊은 해조장에서는 서식수심 6 m 정도이고 밀도 "중"의 해조장(b1)과 같이 1.5 m의 투명도 저하에서도 영향을 받지만, 서식수심이 7.5 m정도에서 밀도 "높다"의 해조장(a6)과 같이 1.0 m의 투명도 저하에서는 영향이 적은 것을 알 수 있다. 여기에서 c1, c6, d3, d4, d5의 해조장은 이와 같은 관계와 일치하지 않은 해조장이다. 그렇지만 c1의 해조장에 대해서는 서식수심이 얕고, 투명도 저하도 낮지만 오탁수 입자의 퇴적량이 많은 장소(그림 91 아래 그림 참조)에 위치하고 있어, c1의 해조장은 투명도 저하가 아닌 잘피 잎에 미세입자의 부착이 원인이 되어 쇠퇴한 것으로 생각된다. 또 c6, d3, d4, d5의 해조장 쇠퇴 및 소멸의 원인은 불명이나, 이들 해조장 모두는 오시마 주변에 위치하고 있어, 개방된 해역에 인접하고 있는 것으로부터 다른 해역에서 무엇인가의 영향을 받고 있는 것으로 생각된다.

## 참고문헌

[1] 環境廳水質保全局瀨戸內海環境保全室, 1998. 瀨戸內海ににおける海砂利採取とその環境への影響 (瀨戸內海海砂利採取環境影響評價調査中間とりまとめ), 146p.

[2] 高橋曉, 湯淺一郎, 村上和男, 2002. 沿岸海洋研究, 40, 81-90.

[3] 高橋曉, 村上和男, 2002. 海岸工學論文集, 49, 1356-1360.

[4] 門谷茂, 張志保子, 2000. 瀨戸內海, 22, 32-36.

[5] 湯淺一郎, 高橋曉, 村上和男, 星加章, 2003. 第2會海環境と生物およ

び沿岸環境修復技術に關するシンポジウム論文集, 77-82.

[6] 南西海區水産研究所, 1974. 瀬戸内海の藻場, 21-23.

[7] 瀬戸内海區水産研究所, 1979. 沿岸海域藻場調査, 1-39.

[8] Kineke, G.C. and R.W. Sternberg, 1989. Marine Geology, 90, 159-174.

[9] 堀口文雄, 2002. 産業技術綜合研究所資料, 54p.

[10] 鷲見榮一, 田中祐志, 1999. 海岸工學論文集, 46, 991-995.

[11] 岩垣雄一, 1956. 土木學會論文集, 41, 1-21.

[12] 星加章, 2002. 水産研究叢書, 49, 12-34.

(高橋曉, Takahashi Satoru)

# 4. 바다모래와 까나리

## 가. 서언

세토내해에서는 1970년대부터 대규모의 바다모래 채취가 이루어졌고, 이 모래는 매립지의 기반조성 등에 사용되었다. 세토내해에서는 바다모래 자원이 해협부에 편중하여 존재하며, 주된 모래톱는 아카시해협, 비산세도, 구시마(來島)해협 주변해역이다. 바다모래 채취는 아카시해협 주변에서는 이루어지지 않았고, 기타 해협부에서는 장기간 채취되었다. 바다모래 채취는 해역의 부유사, COD의 증가를 가져옴과 동시에 어업자원에 큰 피해를 입혔다[1]. 본 절에서는 세토내해의 저차생산과 고차생산을 연결하는 열쇠가 되는 다획성 어류인 까나리를 대상으로 바다모래 채취가 세토내해의 생태계에 미치는 영향에 대해 보고한다.

## 나. 까나리라는 생물

까나리는 세토내해의 어종별 어획량 중에서 정어리류와 함께 선두를 다투는 다획 어종이다. 정어리가 풍어였던 1980년대에는 정어리 어획량이 가장 많았지만, 정어리 어획의가 급감한 이후에는 까나리와 멸치가 1, 2위를 점유하게 되었다(그림 92). 이들 다획성 어종들은 바다의 생태계에서 저차생산을 중・고차생산으로 연결하는 중요한 역할을 담당한다. 이 보다 저차생산은 해역의 영양염 농도, 일사량 등의 환경요인에 지배되는 것에 반하여, 이

보다 고차생산에서는 인간활동(어업)의 영향을 강하게 받는다. 예로서 동부 세토내해의 까나리 어획율(어획 개체수/초기자원 개체수)는 약 60%, 자연 사망율은 약 30%, 생잔율은 약 10%로 추정하고 있다[2]. 즉 어업개시 때(2월)에 바다에 있는 까나리의 60%을 약 3개월 사이에 인간의 어획하고 있다는 것이 되고, 인간 활동의 영향을 크게 받는 것을 알 수 있다.

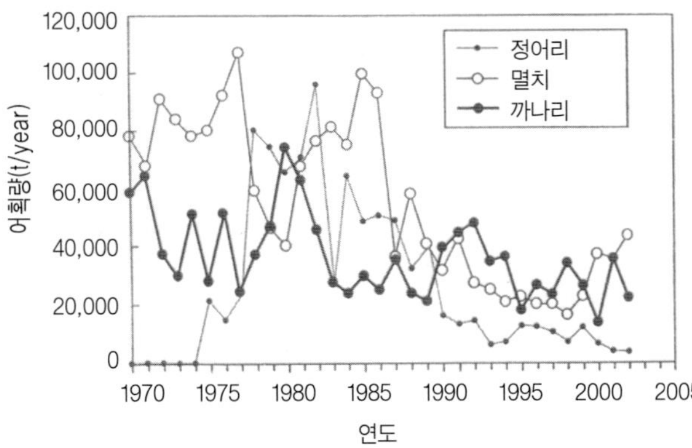


**그림 92.** 세토내해 어종별 어획량.

까나리는 12월에 해저 모래사장에 산란한다. 세토내해에서는 해저가 모래사장이 되어 있는 해역은 해협부에 한정되고, 까나리의 주된 산란장은 비산세토와 아카시해협 주변의 모래톱(鹿ノ瀬, 室津ノ瀬)이다. 또 까나리는 여름에 해저의 모래 밭에 잠입하여 하면(夏眠)하는 생태를 나타내며, 이 때 잠입하는 모래의 선택성이 강하여, 펄 성분이 적고 도태도(淘汰度)가 높은 모래를 좋아 한다[3]. 까나리를 영어로는 sand eel(모래 장어)이라고 불리울 정도로

모래와 밀접한 관련성을 가지는 어류이다. 발생 시기(1월 전반)와 장소(해협부의 모래톱)가 매우 한정되며, 어기도 발생 후 수개월의 치어기에 해당되어, 자원은 1년 주기로 갱신되기에 자원변동의 해석이 용이하다.

다. 바다모래 채취

세토내해에서는 1970년대에 바다모래 채취량이 증가하여, 1980년 이후 대량의 바다모래 채취가 계속되어 왔다(그림 93)[4]. 대규모의 바다모래 채취에 의해, 해저의 모래 산맥(모래톱)이 소멸되는 일이 발생하였다. 여기에서 채취된 바다모래는 연안매립지의 기초를 형성하는데 사용되어, 바다모래 채취와 매립은 동전의 앞과 뒤와 같은 동일체의 관계가 된다.

히로시마현 미하라시의 고사키(幸崎) 연안에 있던 모래톱(能地堆)의 수심은 1963년 이전에는 10m 정도로 해저까지 빛이 도달하였지만, 현재는 수심 30~40m가 되어(그림 94[5], 그림 95[4]), 노우지타이(能地堆)는 완전히 없어졌다. 해저의 바다모래 채취 결과는 직접 우리들의 눈에는 보이지 않지만, 직접 바다에서 장기간에 걸쳐 대규모로 실시되었고, 세토내해의 인위적인 환경변화 중에 가장 큰 변화일 것이라고 필자는 생각한다.

채취된 바다모래와 까나리가 하면(夏眠)에서 선호하는 모래는 입경 등의 성질이 일치한다[4]. 이 때문에 모래 채취는 까나리의 하면 장소가 되는 곳에 집중적으로 실시되었다. 까나리의 주된 산란장인 비산세토에서는 바다모래 채취가 실시되었던 것에 대하여, 아카시해협 주변모래톱에서는 까나리자원에의 영향이 염려되어, 모래채취가의 금지되어 왔다[6]. 즉 두 개의 산란장 중에 비산세토는 채취, 아카시해협 주변에서는 비채취가 되어 있다.

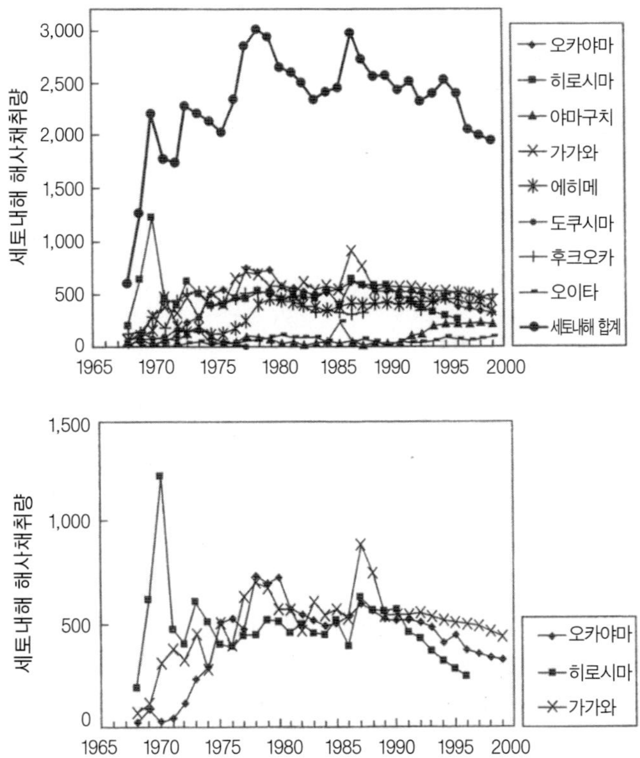


**그림 93.** (a) 세토내해의 바다모래 채취량(만$m^3$/year)[4]. 1987년 바다모래 채취량의 피크는 간사이(關西)국제공항 매립 제1기의 것. (b) (a)에서 히로시마현, 오까야마현 및 가가와현의 것을 확대한 것을 나타냄.

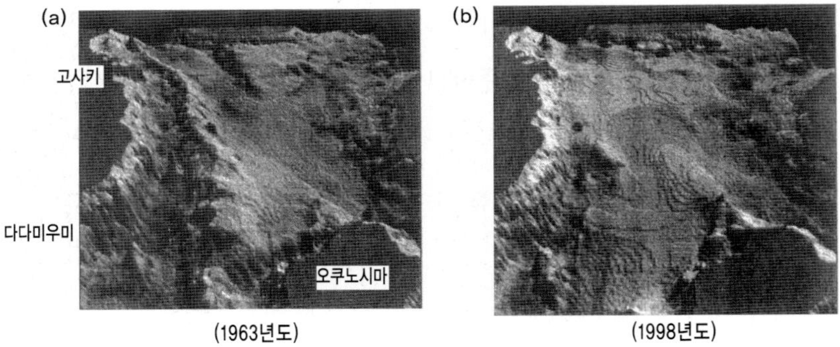


**그림 94.** 히로시마현 오쿠노시마 동쪽해역을 서쪽 상공에서 본 해저지형 조감도 [4]. (a) 1963년 발행 해도, (b) 1998년 발행 해도에 의한 해저지형

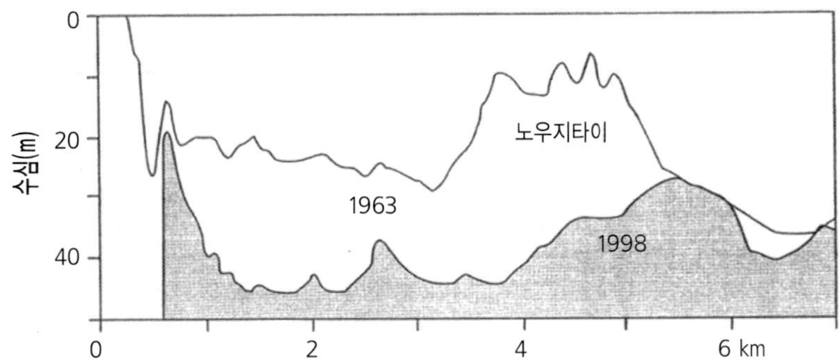


**그림 95.** 能地堆를 종단하는 해저지형[4], 1963년 발행 해도의 지형과 1998년 조사. 수심 10m 내외였던 노우지타이(能地堆)가 사라지고, 수심은 30~40m가 되어 있다.

### 라. 까나리 발생 개체수의 장기변동

그림 96에 까나리의 발생 개체수의 경년 변화를 나타내었다. 이 그림은 플랑크톤 네트로 채집된 까나리 자어의 체장별 개체수

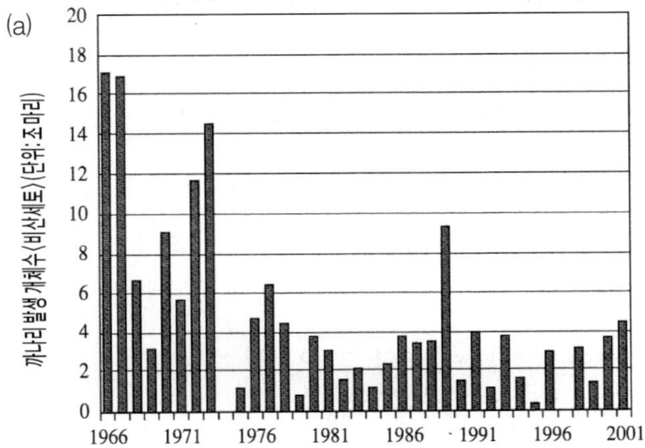


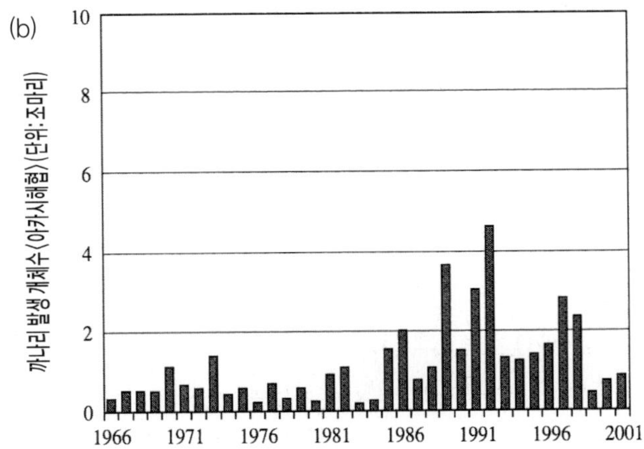


**그림 96.** 까나리 발생 개체수.
(a) 비산세토 주변 발생개체, (b) 아카시해협 주변 발생개체.

로부터 발생 개체수를 추정한 것이고, 1980년대 전반(1980~1986) 비산세토의 평균 발생 개체수는 1.8조 마리, 아카시해협 주변의 평균발생 개체수는 1.0조 마리로 추정되어 있다[7].

비산세토 발생 개체수는 1970년 이전에는 11조 마리였으나, 바다모래 채취가 한창이었던 1970년대가 되며 급격히 감소하여, 1980년대 이후에는 겨우 2조 마리로 감소하였다. 한편 바다모래 채취가 없었던 아카시해협 발생 개체수는 1980년대 후반 급격히 증가하였다. 즉 바다모래 채취가 있었던 비산세토에서 서식장소를 잃어버린 까나리가 바다모래 채취가 없는 아카시해협 주변으로 "이사하였다"라고 추정된다. 단, 아카시해협 발생개체수의 그래프 세로 축은 비산세토에 비해 2배 차이가 있음에 주의가 필요하다. 현재에도 아카시해협에서의 발생 개체수가 2조 마리에 달하는 경우는 그리 없기에, 비산세토에서의 발생 개체수의 감소를 지탱할 만한 크기는 되지 않는다.

까나리 어획량은 비산세토보다 서쪽에서는 경년적으로 저하하여, 까나리를 대상으로 하는 어업자체가 없어졌다. 한편 동부 세토내해(하리마나다 및 오사카만)에서의 어획량 감소는 비교적 적어, 세토내해 전체로서는 구배가 낮은 감소가 되어 있다(그림 97).

### 마. 결론

바다모래 채취가 패류 등의 저서생물에 크게 영향을 줄 것이라는 것은 쉽게 상상된다. 저서생물은 아니지만 모래장소에 산란하고, 거기에서 하면(夏眠)하는 까나리에도 직접적인 영향을 주어, 비산세토 발생군에 대해서는 파괴적인 영향을 주었을 것이다. 세토내해에서 가장 많이 어획되었던 어종인 까나리는 저차생산에

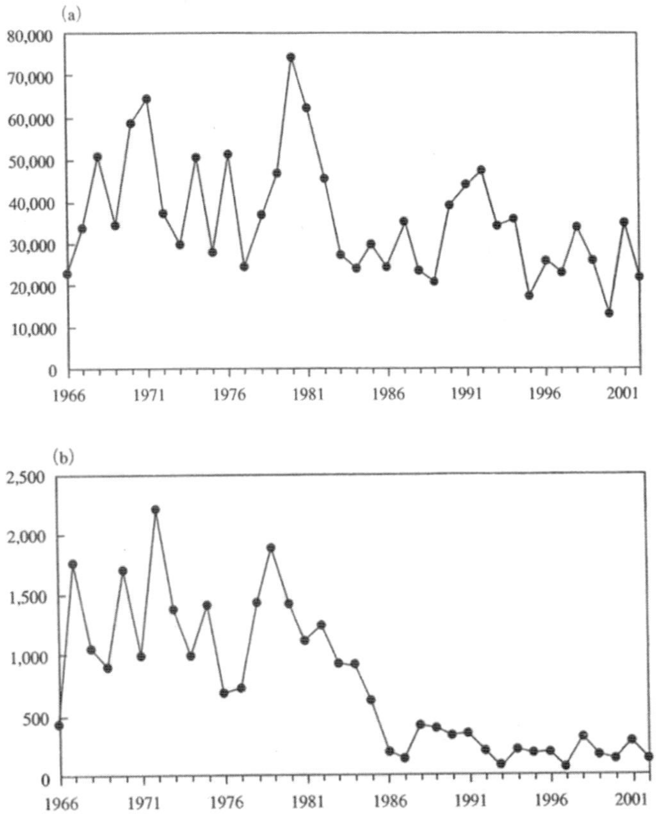


**그림 97.** 까나리 어획량의 경년변화 (t/year).
(a) 세토내해 전체, (b) 히우치나다, 빈고・게이요나다

서 고차생산으로 에너지를 운반하는 중요한 위치에 있다. 까나리는 돔이나 삼치의 먹이가 될 뿐만 아니라, 쥐돌고래류나 바다 새의 먹이도 된다. 까나리의 감소는 세토내해 전체의 생태계에도 영향을 미치게 될 것이다.

## 참고문헌

[1] 藤原建紀, 2004. 海洋氣象學會誌・海と空, 80(2), 91-97.

[2] 日下部敬之, 保正龍哉, 玉水哲也, 2004. 大阪府水産試驗場研究報告, 15, 9-15.

[3] 反田實, 1998. 内海漁場-イナカゴと底質. 沿岸の環境圈, フジ・テクノシステム

[4] 環境省水環境部閉鎖性海域對策室, 2002. 瀬戸内海ににおける海砂利採取とその環境への影響 (瀬戸内海海砂利採取環境影響評價調査最終とりまとめ.

[5] 佐藤崇德, 熊原康博, 1999. 地理, 44(1), 100-105

[6] 神戸新聞明石總局, 1989. 明石・さかなの海峡-鹿ノ瀬の素顔. 神戸新聞綜合出版センタ-, 207p.

[7] Fujiwara, T., H. Nakata, M. Tanda and J. Karakawa, 1990. Bull. Japan. Soc. Sci. Fish., 56, 1029-1037.

(藤原建紀 Fujiwara Tateki)

제9장

# 결 론

(a)

(b)

(c)

(d)

(e)

(f)

앞쪽사진

2007년과 2008년 여름 세토내해의 바다모래 채취에 따른 문제 및 환경개선 방안 등 전반에 대한 자료수집 및 정보교환을 위해 일본을 방문했을 때의 사진들

(a) 2007년 세토내해 바다모래 문제를 가장 심도 있게 연구하는 (독립행정법인) 산업기술종합연구소를 방문하여 세토내해 바다모래채취에 대한 문제 및 최근의 연구동향에 대한 의견 정보 이후 세토내해 대형 모형 실험실에서, 왼쪽으로부터 국립수산과학원 김주희박사, 湯淺一郞 박사, 양한섭 교수(공동 번역자), 高橋曉 박사(8장 3절 저술), 星加章박사(3장 저술), 윤양호 교수(공동 번역자)

(b) 2007년 히로시마(廣島)대학을 방문하고 정보교환 이후 기념사진, 가운데가 본서 6장 저자인 山本民次 교수, 그 오른쪽이 橋本俊也 준교수, 가장 오른쪽이 공동번역자인 오석진 박사

(c) 2007년 (독립행정법인) 세토내해수산연구소를 방문하여 세토내해의 해사채취와 해양환경, 그리고 자원생물에 미치는 영향에 대한 의견교환

(d) 2008년 에히메(愛媛)대학 연안환경과학연구센터를 방문하여 세토내해 모래톱의 기능과 파괴에서 회복과정에 대한 연구 및 모래톱 회복 사업 동향에 대한 정보수집 및 의견교환을 마친 후 기념사진, 가운데가 연구책임자이자 센터장인 武岡英隆 교수, 중앙 오른쪽이 大森浩二 준교수, 왼쪽은 역자인 오석진 박사와 윤양호 교수

(e) 2008년 카가와(香川)수산시험장 및 적조연구소를 방문하여 카가와현 지방정부 차원의 세토내해 해사채취 현황 및 문제, 그리고 복원 등에 대한 정보교환을 실시

(f) 교토(京都)대학 대학원 농학연구과를 방문하여 해사채취에 따른 까나리자원 문제, 빈산소문제 등에 대한 정보를 교환, 오른쪽은 본서 8장 4절의 저자인 藤原健紀 교수, 왼쪽인 공동번역자인 오석진 박사와 윤양호 교수

## 1. 요약 및 맺음말

이상으로 세토(瀨戶)내해의 형성부터 현재까지 세토내해의 해저지형은 어떻게 형성되었고, 바다모래와 해저 퇴적물은 어떻게 퇴적되고 수송되며, 저서생물에 어떤 영향을 주는지, 퇴적물은 어떻게 중금속을 흡착하여 영양염을 용출시키고 빈산수 수괴를 발생시켜 수질 및 생물에 영향을 주는지, 더욱이 바다모래를 채취함에 따라 해저지형, 해조장 및 생물에 어떤 변화를 주는지 고찰하였다.

본 도서에서 밝힌 내용은 다음과 같이 정리할 수 있다.

1) 세토내해의 나다(灘)와 만 중앙부의 해사는 주로 해협부의 침식작용에 따라 수천 년간 공급되어져 온 것으로, 바다모래 채취로 변화된 해저지형이 자연상태의 원래모습으로 회복되기에는 수천 년 이상이 시간이 필요하다.
2) 세토내해의 각 해역의 중앙부 퇴적속도는 0.2 g/cm$^2$/년 정도로 많은 중금속을 흡착하고 있다. 퇴적속도가 높은 해역과 U층(세토내해 형성 이후의 퇴적층)의 두꺼운 해역은 잘 일치하고 있다. 따라서 현재도 해부(海釜)의 침식작용은 유지하고 있고 해부로부터 해사의 공급이 계속 되고 있어, 세토내해 주위의 바다모래, 해저퇴적물의 수송 및 퇴적기구는 수천 년간 기본적으로 변화하지 않았음을 알 수 있다.

3) 바다모래 및 퇴적물은 주로 저층의 ($M_2$+$M_4$) 조류에 따라 재부유되어 평균적으로 세토내해 양단의 기이수도와 분고수도에서 비산세토(備讃瀬戸)를 향하여 저층의 밀도류의 유향에 의해 운반된다. 이는 수치모델에 따라 계산된 것과 같이 ($M_2$조류+$M_4$조류+밀도류) 해저 전단력의 방향과 일치한다.
4) 1980년부터 2000년에 걸쳐 육상에서 유기물, 영양염류 부하량은 감소하고, 세토내해 전 해역의 퇴적물 중 유기물 농도도 점차 감소하고 있다. 하지만 니질 함량과 황화물농도는 점차 증가하는 경향으로, 그 원인에 대해서는 차후 연구가 필요할 것이다.
5) 세토내해의 퇴적물로부터 암모니아와 인산의 용출은 10월에 가장 높았으며, 6월에 가장 낮았다. 세토내해 전 해역의 DIN 용출량은 하천으로부터 DIN 부하량과 거의 같다. 아직 수오나다(周防灘)는 하천으로부터 인과 질소 부하량보다 퇴적물로부터 인과 질소 용출량이 높았다.
6) 세토내해 오사카(大阪)만 내만역, 히로시마(広島)만 내만역, 수오나다(周防灘) 서쪽 해역 등은 하계에 빈산소수괴가 발생하지만, 그 발생 빈도에 관련하여서는 수오나다 서부를 제외하고는 1980년부터 2000년에 걸쳐 큰 변화가 없었다. 따라서 연안부터의 유기물 및 영양염 삭감에 따른 환경개선 효과는 해저퇴적층에까지 충분한 영향을 미치지 않은 것으로 보인다.

7) 해사채취에 따른 현탁물의 증가로 해조장의 감소가 발생하였으며, 해사채취 금지에 따라 비교적 빠른 시일 안에 회복이 기대된다.
8) 해사채취는 사질에 주로 서식하는 까나리의 서식장을 파괴하였으며, 이를 포식하는 상위영양단계의 생물 또는 어업에까지 영향을 주었다. 사질에 까나리가 서식하는 깊이는 10cm정도이기 때문에 해사채취해역에 10cm 정도의 복사(覆砂)를 할 경우 까나리 자원을 보호할 수 있다.

이상의 결과는 세토내해의 환경수복 및 창조를 위해서 다음과 같은 내용들이 고려될 수 있다.

1) 빈산소수괴를 방지하기 위해서는 오사카만과 히로시마만의 내만역과 같이 특정 해역에서 표층 퇴적물의 준설과 복사도 고려할 필요가 있다.
2) 해사채취에 따른 수심이 현저히 증가한 해역에서 해조장을 회복시키기 위해서는 인공해저를 설치하여, 조성된 천해역에 해조류를 이식하는 것도 좋은 방법으로 보인다.
3) 생물학적인 관점에서 해사가 필요한 해역은 인공적으로 모래를 10 cm 정도의 두께로 복사하는 것도 하나의 수단이 될 것이다.

한편, 해저퇴적층에서 영양염 용출문제는 세토내해 해역환경의 장래를 예측하기 위해 가장 먼저 밝혀야 할 부분이다. 다시 말하면, 영양염 용출량을 지배하는 간극수 중의 영양염 농도가 어떻게 결정되는지 현재로써는 불명확하기 때문에 장래의 용출량 변화를 예측하기에는 쉽지 않다.

해저퇴적층에서 용출량은 세토내해에서 빈산소 수괴가 발생 가능성을 좌우하기 때문에 유기물 및 영양염 부하량의 삭감과 함께 미래를 예측하는데 중요하다.

한편, 수오나다와 같이 육상으로부터 유기물 및 영양염 부하량이 감소로 영양염 농도가 낮아지고, 이에 따라 식물플랑크톤 현존량 감소로 부유물질은 감소하였다. 이는 저층의 광 투과도를 증가시켜 부착성 규조류의 기초생산량이 활발하게 되어, 저층 용존산소 농도는 증가하였다. 따라서 세토내해의 수질을 개선하여 표층의 기초생산을 어느 정도 낮추게 되면, 유광층 내의 해저에 서식하는 부착성 규조류의 생물량이 증가되어, 자연정화를 시키는 환경개선(Bio-remediation)도 가능할 것이다.

본 도서의 토의가 앞으로 세토내해의 퇴적환경, 수질개선 및 환경수복과 창조에 다소나마 도움이 되었으면 한다.

우리 집필진 일동은 앞으로 연구를 계속하여 얻어진 연구 성과를 행정과 일반주민에 환원하고, 어떤 대책이 세토내해의 수·해저퇴적층 환경을 살릴 수 있을지 앞으로도 계속 검토해 나가고자 한다.

(柳哲雄, Yanagi Tetsuo)

# 찾아보기

## ㄱ



## ㄴ



## ㄷ



## ㅁ



## ㅂ



## ㅅ

## ㅇ



## ㅈ

### ㅊ



### ㅋ



### ㅌ



### ㅍ



### ㅎ

## A



## B



## C



## D



## E



## F



## G



## H



## I

## K



## L



## M



## N



## O



## P



## R



## S



## T

## W



## X

# 필자 일람


| | |
|---|---|
| 石井大輔 (Ishii Daisuke) | 九州大学 応用力学研究所 技術職員 |
| 井内美郎 (Inouchi Yoshio) | 早稲田大学 人間科学学術院 人間科学部 人間環境科学科 教授 |
| 駒井幸雄 (Komai Yukio) | 大阪工業大学 工学部 環境工学科 教授 |
| 高橋暁 (Takahashi Satoru) | 独立行政法人 産業技術総合研究所 地質情報研究部門 沿岸海洋研究그룹 |
| 多田邦尚 (Tada Kuninao) | 香川大学 農学部 応用生物科学科 教授 |
| 藤原建紀 (Fujiwara Tateki) | 京都大学大学院 農学研究科 応用生物科学専攻 海洋生物環境学分野 教授 |
| 星加 章 (Hoshika Akira) | 独立行政法人 産業技術総合研究所 地質情報研究部門 沿岸海洋研究그룹 |
| ※柳 哲雄 (Yanagi Tetsuo) | 九州大学 応用力学研究所 力学시뮬레이션研究센타 教授 |
| 山本民次 (Yamamoto Tamiji) | 広島大学大学院 生物圏科学研究科 環境循環系制御学専攻 教授 |


※는 책임편집자

## 역자 소개


**윤양호(尹良湖)**
학술박사 (Hiroshima University, 1989)
전남대학교 해양기술학부 교수
해양생물학 (교보문고, 2011)
바다의 반란 적조 (집문당, 2010)
하천개발은 바다환경을 어떻게 변화시킬까? (전남대학교출판부, 2010)
아름답고 불가사의한 생물 해파리의 경고 (전파과학사, 2009)
해양환경공학 (동화기술, 2008)

**서호영(徐浩榮)**
학술박사 (Hiroshima University, 1998)
전남대학교 해양기술학부 교수
해양생물학 (교보문고, 2011)

**양한섭(梁漢燮)**
이학박사 (Tokyo University, 1986)
부경대학교 해양학과 교수
지구온난화와 바다 (동화기술, 2000)
적조의 과학 (경상대학교출판부, 1999)
화학해양학 (청문각, 1998)

**오석진(吳碩津)**
학술박사 (Hiroshima University, 2002)
부경대학교 해양학과 교수
해양환경공학 (동화기술, 2008)



**해사채취와 해양저서환경**

인쇄 | 2011년 4월 15일
발행 | 2011년 4월 20일

역자 | 윤양호 · 서호영 · 양한섭 · 오석진
발행 | 김윤수
발행처 | 전남대학교출판부

등록 | 1981. 5. 21. 제53호
주소 | 500-757 광주광역시 북구 용봉로 77
전화 | (062) 530-0571 ~ 3
팩스 | (062) 530-0579
홈페이지 | http://altair.chonnam.ac.kr/~cnup

값 12,000 원

ISBN 978-89-7598-915-5 (93450)

이 도서의 국립중앙도서관 출판시도서목록(CIP)은 e-CIP홈페이지(http://www.nl.go.kr/ecip)에서 이용하실 수 있습니다. **(CIP제어번호: CIP2011001597)**